U0186036

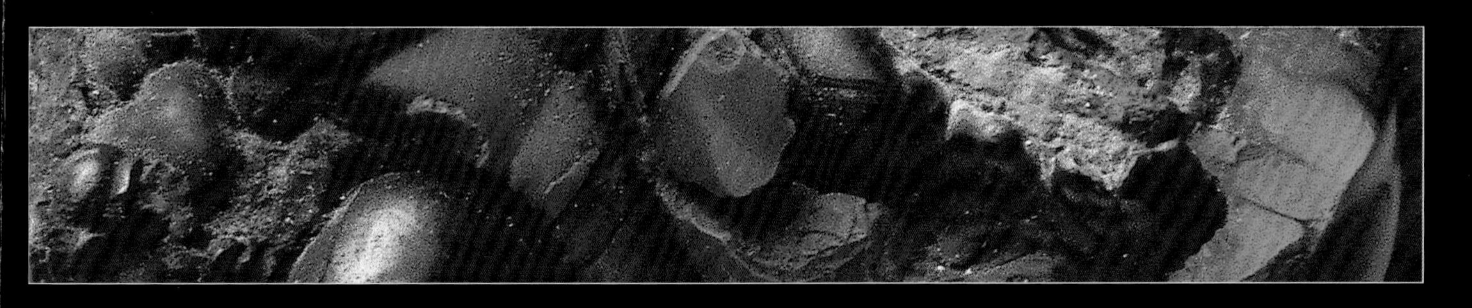

图书在版编目（CIP）数据

矿物·岩石 /（英）约翰·法恩登著；董晋琨译 .
-- 北京：科学普及出版社，2022.1（2023.8 重印）
（DK 探索百科）
书名原文：E.EXPLORE DK ONLINE:ROCK AND MINERAL
ISBN 978-7-110-10347-0

Ⅰ. ①矿… Ⅱ. ①约… ②董… Ⅲ. ①矿物－青少年读物 ②岩石－青少年读物 Ⅳ. ① P5-49

中国版本图书馆 CIP 数据核字（2021）第 202334 号

总 策 划：秦德继
策划编辑：王 菡 许 英
责任编辑：高立波
责任校对：吕传新
责任印制：李晓霖
正文排版：中文天地
封面设计：书心瞬意

著作权合同登记号：01-2021-5822

www.dk.com

混合产品
纸张 | 支持负责任林业
FSC® C018179

科学普及出版社出版
北京市海淀区中关村南大街 16 号
邮政编码：100081
电话：010-62173865 传真：010-62173081
http://www.cspbooks.com.cn
中国科学技术出版社有限公司发行部发行
北京华联印刷有限公司承印
开本：889 毫米 ×1194 毫米 1/16
印张：6 字数：200 千字
2022 年 1 月第 1 版 2023 年 8 月第 5 次印刷
定价：49.80 元
ISBN 978-7-110-10347-0/P·225

DK 探索百科

矿物·岩石

[英] 约翰·法恩登 / 著
董晋琨 / 译
吕建华 / 审校

科学普及出版社
·北 京·

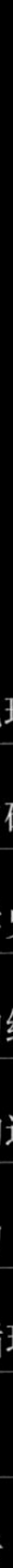

目录

岩石地球 6

岩石与矿物 8

地质学史 10

地球的结构 12

板块构造 14

侵蚀力 16

岩石循环 18

火山 20

火成岩 22

火成岩的鉴别 24

变质岩 26

区域变质作用 28

沉积岩 30

化学沉积物 32

洞穴 34

化石 36

由生物形成的岩石 38

太空岩石 40

矿物种类 42

物理性质 44

光学性质 46

自然元素类 48

金属元素类

金

长英质硅酸盐类

铁镁质硅酸盐类

石英

氧化物类

硫化物类

硫酸盐类及其他相似盐类

卤化物类

碳酸盐类及其他相似盐类

矿物的早期应用

宝石

装饰品

历史上的金属

现代金属

工业用矿物

家居中利用的矿物

生命所需的矿物质

野外地质学

岩石和矿物的分类及其性质

词汇表

致谢

了解地貌▲

通过对地貌的研究，地质学者（地球科学家）能够了解数十亿年以前该地貌的形成过程。这个长515千米，十分壮观的大峡谷（如上图）位于美国亚利桑那州的沙漠中，被河流侵蚀而形成。这里显示出位于花岗岩和片麻岩岩层以上的古老砂岩层。

岩石地球

在数百万年以前，人类将岩石作为最早的工具。人类发展的这个阶段，就是众所周知的旧石器时代。而后，人们学会了使用黏土（岩石颗粒）来制作陶器，从那以后，利用岩石的很多方法逐渐被人们所发现。几乎所有种类的岩石都可以在经切割或破碎后，成为供家庭和城市使用的建筑材料。大量的矿物可以从地下提取并加工成特殊的材料。我们所有的金属都来自岩石中所找到的矿物，如铁和钢。同样，有些岩石可以作为燃料，如石油和煤。岩石中的矿物还有很多用途，如我们在食物中所放的盐和为了促进谷物生长而使用的肥料。

用来取熔岩样品的杆

◀正在工作的火山学家

研究地球是一个大学科，分为很多分支学科。矿物学家研究矿物，岩石学家研究岩石，火山学家则研究火山。由于取样时温度极高，所以火山学家通常穿着特殊的可反射热量的防护服。对采集的火山熔岩样品（如左图所示）进行矿物成分的分析，是监测火山喷发的一种方法。

采矿与采石▶

岩石和矿物通常从地下被开采或挖掘出来。图中所示的是名为“超大矿坑”的金矿，长约3千米，是澳大利亚最大的露天开采金矿。当矿石（可提炼出有价值金属的岩石或矿物）沉积物位于近地表时，采用露天挖掘开采的方法。这种方法比地下开采要更便宜也更容易。采石场是开采大量建筑材料（如石块、沙子）而在地表挖出的深坑。

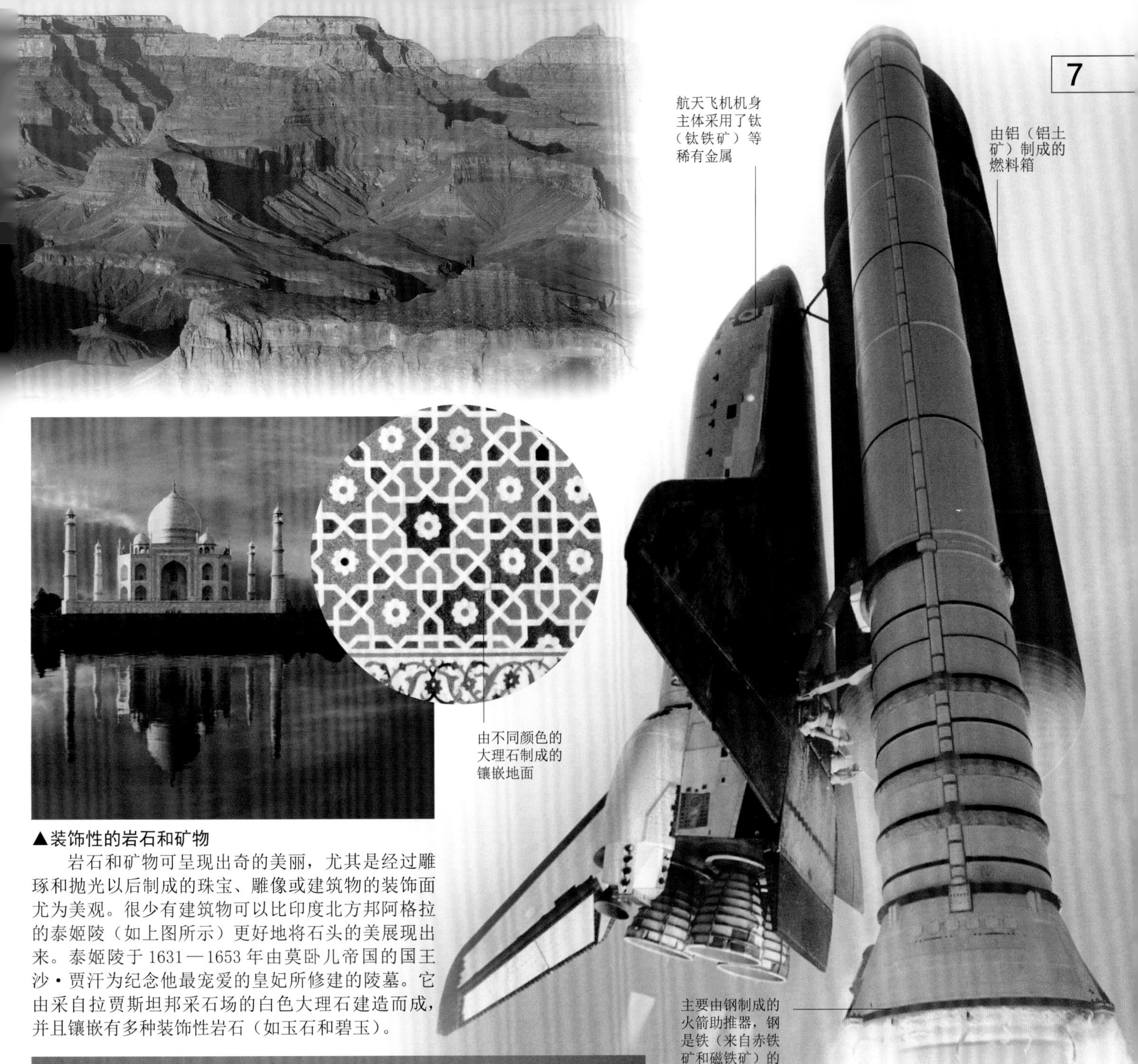

▲装饰性的岩石和矿物

岩石和矿物可呈现出奇的美丽，尤其是经过雕琢和抛光以后制成的珠宝、雕像或建筑物的装饰面尤为美观。很少有建筑物可以比印度北方邦阿格拉的泰姬陵（如上图所示）更好地将石头的美展现出来。泰姬陵于 1631—1653 年由莫卧儿帝国的国王沙·贾汗为纪念他最宠爱的皇妃所修建的陵墓。它由采自拉贾斯坦邦采石场的白色大理石建造而成，并且镶嵌有多种装饰性岩石（如玉石和碧玉）。

石灰质砂岩是白色石灰石表面被剥蚀后的残留物

▲永恒的建筑

由于石头非常耐磨，所以当人们想要使建筑物经久耐用时，他们便采用石头来建造。古埃及人在 3500 多年前建造了金字塔，很少有其他建筑能够比它们更加耐久。埃及人对各种岩石的使用都十分专业，而金字塔更是石匠的杰作。吉萨的三座金字塔的核心建筑（其中的两座如图所示）是由数以百万的巨大石灰质砂岩石块所构成。随后，用明亮的白色石灰石将这些石灰质砂岩覆盖于其中，并以巨大的花岗岩置于金字塔的顶端来完成最后的工程。

▲矿物中的金属

人类对金属的使用大约始于 1 万年以前。人们从地表获得自然金属（如金和铜），并将它们制作成第一批金属工具和首饰。大约 5000 年前，中东的人们发现，金属可以用加热至高温的方法从矿物中提炼出来。利用这个发现，可以获得很多类型的金属。这些金属几乎为所有工具和机械的制造提供了原材料。如果没有这些金属，诸如航天飞机（如上图所示）之类的技术发展是不可能实现的。从钢和铝到更珍贵的轻金属（如钛），所有用于航天飞机的金属都来自地球中的各种矿物。

岩石与矿物

岩石与矿物是地球表层的原生物质。岩石由数不清的矿物颗粒组成，有些很大，有些矿物则仅在显微镜下可见。少数岩石由单一的矿物组成，其他种类的岩石则含有 2 种或 2 种以上的矿物成分。矿物是天然的固体化学物质，可以根据化学成分和结构对其进行分类。根据岩石的成因将其分为火成岩（来自熔融态岩石）、变质岩（在高温和压力等作用下，发生了变化的岩石）和沉积岩（由松散物质沉积层固结形成的岩石）三大类。

铜化合物▲

大部分矿物都是由至少两种化学元素组成的化合物（集合体）。例如，碳酸盐矿物，是在金属或半金属与碳酸根（碳与氧元素结合而成的原子团）化合时而形成的。孔雀石（如上图所示）就是一种含铜的碳酸盐矿物，由于铜的存在而使其具有明亮的绿色。

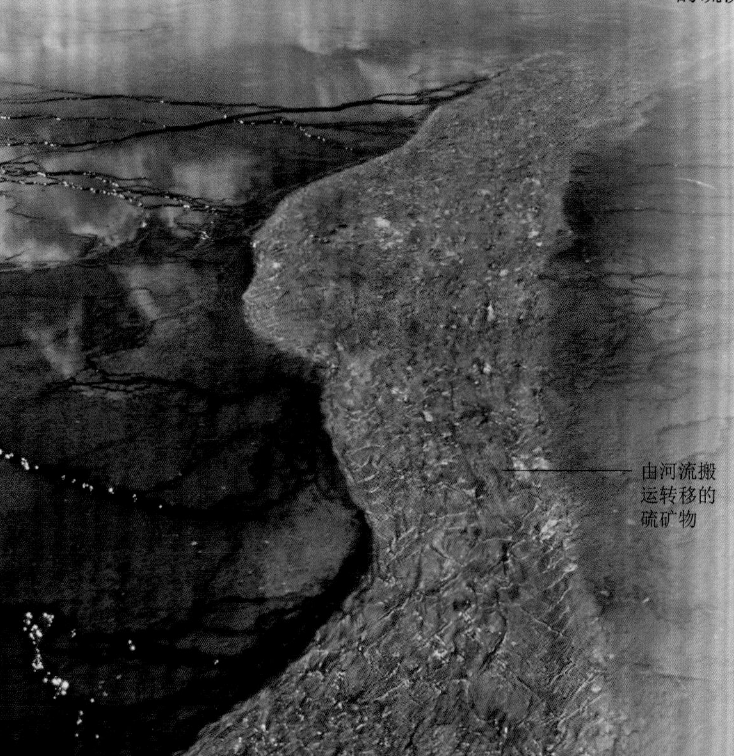

◀元素硫

只有少数的矿物属于自然元素——完全由单一化学元素组成的矿物，单一非金属自然元素构成的矿物就更少。硫便是这些少数非金属自然元素中的一种。在美国黄石公园的温泉（如左图所示）区，从地壳中溢出的富含矿物质的热水遗留了大量的硫沉积物。

三种主要的矿物类型

自然元素：金属

是可以从岩石或河床中直接获得的纯净形态（单质）的金属元素，如金（如图中所示）、银、铜、铂和铅几种自然元素。但是，大多数金属会与其他化学元素形成化合物，如铁、铝和锡。这些矿石都可以用于提炼金属。

自然元素：非金属

只有硫（如图中所示）、石墨和金刚石是纯净形态（单质）的非金属元素。更多的非金属元素存在于矿物的化合物中。自然硫趋向于在温泉和火山口周围结晶，然而，它更常见于硫化物和硫酸盐矿物中。

复合矿物

通常当一种或多种金属元素与一种非金属元素相结合时，大部分矿物以复合形式（如元素化合物）存在。根据非金属原子团的成分，可将这些复合矿物分为九大类。石膏（如图中所示）就是一种由钙、硫和氧三种元素组成的硫酸盐。

花岗岩山脉▶

花岗岩构成了美国加利福尼亚州内华达的山脉。当岩浆由地球内部涌出、冷却并凝固后，便在地表以下形成了花岗岩。花岗岩十分坚硬，以至于当其覆盖岩石层经过长期的风化而剥落后，它往往仍会出露于地表。

▲花岗岩薄片的显微照片

大多数岩石都属于矿物集合体。用肉眼观察，花岗岩属于浅色岩石，分散状分布有暗色斑点。在偏光显微镜下所照的照片，可以协助区分薄片内存在的不同矿物，但是在偏光镜下矿物所呈现的颜色与它们在自然光下是不同的。花岗岩由黑云母、粉色或白色的长石和灰色砂粒状石英三种主要矿物组成。其中，石英与长石矿物是许多岩石的基本组成成分。

岩石的三种类型

火成岩

火成岩的形成，最初始于地球内部的岩浆——岩石逐渐升温直到变为熔融态；而后，当岩浆上升至地壳时冷却并结晶，从而形成新的岩石。岩浆或在地表以下凝结形成侵入岩，如花岗岩；或者以熔岩的形态喷出到地表形成喷出岩，如玄武岩（如图所示）。

变质岩

变质岩是由其他岩石经高温（如深层火山的热能）和压力（造山作用的应力）作用后转变而来的。有时这些变化发生在局部，有时则大规模的发生。一些变质岩可呈现出带状形貌，如片麻岩（如图所示）。

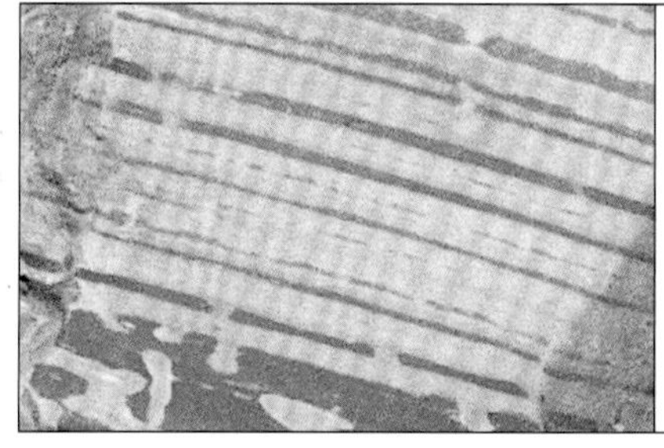

沉积岩

沉积物是指岩石的微小碎片或由风和水的作用而沉积的生命物质。沉积岩是由沉积物所形成的岩石，如黏土岩（如图所示）。形成时间早且埋藏深的地层受其上部所负重量的挤压，在数百万年的时间里被压实成坚固的岩石，这一过程被称为岩化。

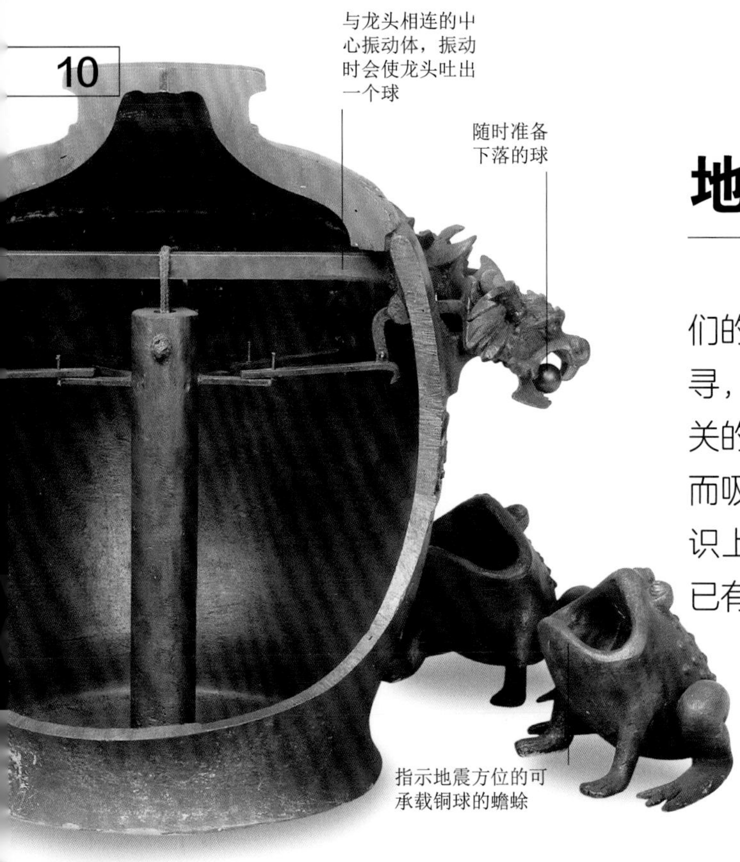

地质学史

岩石和矿物在很早以前就已经形成了，但我们对它们的认识则相对较晚。金属的发现和对含金属矿石的找寻，很可能曾第一次促使人们去找出更多与岩石成因相关的信息。但是岩石和矿物留下了十足的神秘色彩，从而吸引了许多神话般的人物。对于地球形成过程方面认识上的戏剧化进步，大约起始于 200 年以前，当时就已有形成岩石需要几百万年时间的观点。

◀早期的地动仪

这个早期的地质学仪器是一个地震再现监测仪，它大约是在公元 132 年时由中国学者张衡所设计。它的外形为一个很重的缸，周边被 8 个龙头所围绕，每个龙头的口中都含有一个铜球。当地震发生时，龙口中的球就会掉落到其下方对应的蟾蜍口中，根据蟾蜍的方位以指示出地震发生地的方位。

▲矿物与采矿业

许多早期的地质学知识来自金属矿石的交易。第一本有关地质学的伟大著作是《金属学》（金属矿物方面），它出版于 16 世纪，由德国矿物学工程师乔治尤斯·阿格里科拉所著。这张图中所展现的是矿工们正在架高的水槽中筛选并清洗矿石的情景。

▲侵蚀循环

历史学家称，现代地质学始于 18 世纪，以苏格兰的地质学家詹姆斯·霍顿为代表。霍顿认为，地球上景观的形成与毁灭要经过数百万年重复的侵蚀循环、沉积和隆起。苏格兰山脉（如图所示）中严重的侵蚀地貌，使他确信这些地质过程还在继续进行。

▲地质图

地质图所显示的是不同岩层出现的地点。第一张地质图（如图所示）由英国人威廉·史密斯制作于 1815 年，当时他正在勘测运河的路线。他留意到每种岩石层都含有各自的化石类型。他意识到，相隔距离较远但含有相同化石类型的岩石有可能具有相同的地质年龄。

▲塞拉皮斯的梁柱

19 世纪具有影响力的地质学家查尔斯·赖尔，拥护霍顿有关持续地质过程的理论。这个理论的关键在于，提出了全部陆地块可以随着时间的推移而上下移动的观点。在具有里程碑意义的《地质学原理》一书的内页中，赖尔用一张来自意大利海滨波佐利，距今有 1600 年古老历史的塞拉皮斯神庙（如图所示）的照片阐述了这个观点。在神庙圆柱上由贝类形成的洞显示出这些柱体在被打捞上来之前，曾经浸没在水中。

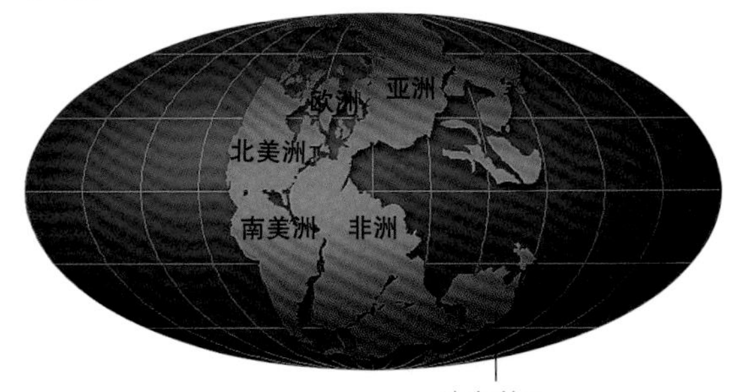

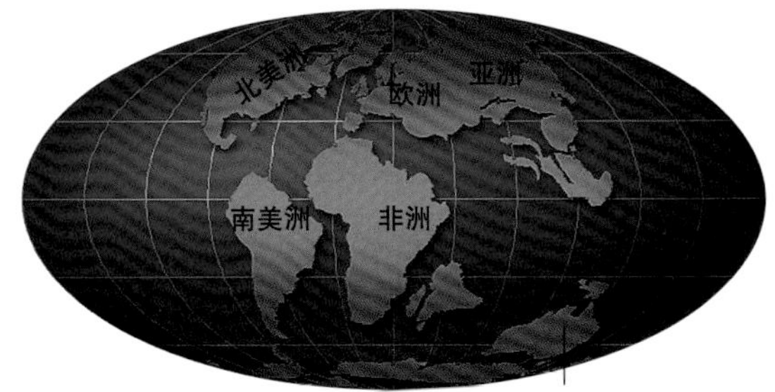

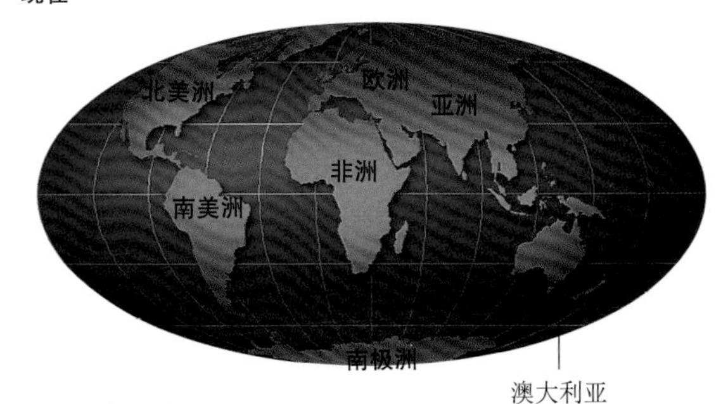

▲大陆漂移

20 世纪 20 年代德国气象学家阿尔弗雷德·韦格纳首先提出地球大陆移动的观点。韦格纳指出，南美洲东部海岸线与非洲西部海岸线具有明显的拼合匹配性，这些证据使他联想到这两块陆地曾经一度是连接在一起的。在那时他被人们所嘲笑，但进一步的证据已经证明，现代的大陆的确是过去一整块超级大陆的漂流碎片。

矿物的神话

火山毛

火山已经引发了很多神话。根据夏威夷的传说，由火山女神贝利负责火山喷发。夏威夷的岩浆具有很好的流动性，当岩浆喷溅掠过空气时，可以拉伸成很细小的、金棕色的玄武玻璃纤维。将这些集中到一起就成为被人们所熟识的细丝状岩石——火山毛，也就是被人们称为的“贝利的头发”（如上图所示）。

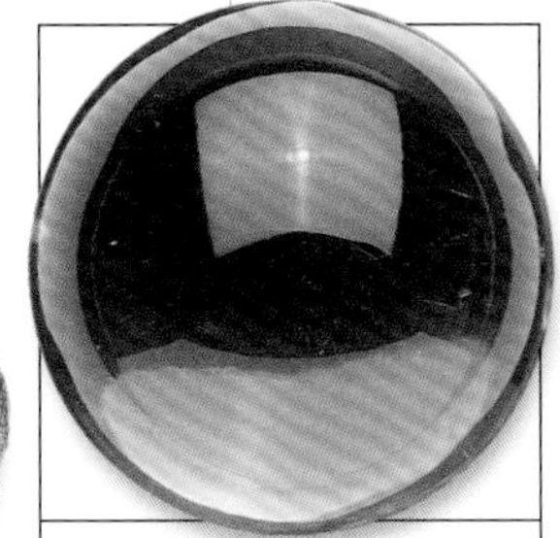

石英水晶球

石英由于具有神秘的特性，自古以来在多种文明中都受到尊崇。几个世纪以来，人们认为石英（水晶）是冻得十分坚硬的不会融化的冰。西藏的喇嘛、凯尔特德鲁伊教的祭司和吉卜赛的通灵者都想通过凝视水晶球，从中看到未来。

起保护作用的宝石

《圣经》中描述了以色列的第一祭司长亚伦所穿着的一个镶有宝石的护胸甲（如图所示）。每一种石头都代表以色列 12 个部落中的一个。宝石与人类的象征关系，以生辰石的形式一直延续到今天。不同的宝石代表一年中不同的月份。

铜盾

由于铜以纯净形式发现于地层中，因而是最早被使用的金属之一。它的稀少使其在贸易中具有很高的交易价值。这些被称为“铜”的雕花的盾形装饰品，因被美国西北部沿海部落的印第安人视为财富和繁盛的象征，而具有很高的价格。

护身符

古老的埃及人用镶有宝石的护身符（驱邪符）来保佑其免受伤害。一些珍贵和较珍贵的石头（如绿松石）被认为拥有神奇的力量。（如图所示）这只圣甲虫（蜣螂）被用作胸前的护身符，它所撑起的一颗红色玛瑙则用来象征太阳。

由各种气体组成的大气

由固体岩石组成的薄地壳

由热的可以流动的岩石组成的上地幔

在高压下由稠密的岩石组成的下地幔

由铁及镍组成的地核

◀地球内部

这个楔形横截面图显示了一直向下延伸至地核的地球内部的主要圈层。这些圈层在地球的形成史上发育得很早。密度较大的矿物——如铁，渗入中心部位形成了地核；而较轻的矿物——如硅酸盐，则上升至表面。从来没有人真正看到过地球的内部，我们对于每一个圈层所发生情况的认识，主要是基于对可靠信息所作出的推测。

地球的结构

地质学家所钻取的最深的钻孔仅达地表下 15 千米处，但他们已通过对地震波的分析，找到了地球内部的不同圈层。地球表层很薄，在有些地方岩石壳的厚度仅为 6 千米。在此之下，有一个很厚的由可流动岩石组成的地幔，如同黏稠的糖浆一样。再往下 2900 千米处是一个由铁和镍组成的地核，其中心部位承受着巨大的压力，尽管在高达 6800℃的条件下，该地核仍无法融化。

地球的圈层

地壳

地壳（距地表 0～40 千米）是地球上部的薄圈层。它大部分由富含硅酸盐矿物的岩石组成，如玄武岩（图中所示）。它以巨大的板块附着于上地幔的坚硬部分，从而形成了岩石圈。这些板块在地幔上漂移，导致大陆漂移、火山爆发和地震。

上地幔

坚硬的岩石圈漂浮在被称为软流圈的上地幔（距地表 40～670 千米）上。这里的岩石十分炽热以至于在有些地方融化而形成岩浆，有时还会通过火山喷发到地表。上地幔岩石的密度比岩石圈的岩石要高，如橄榄岩（如图所示）。

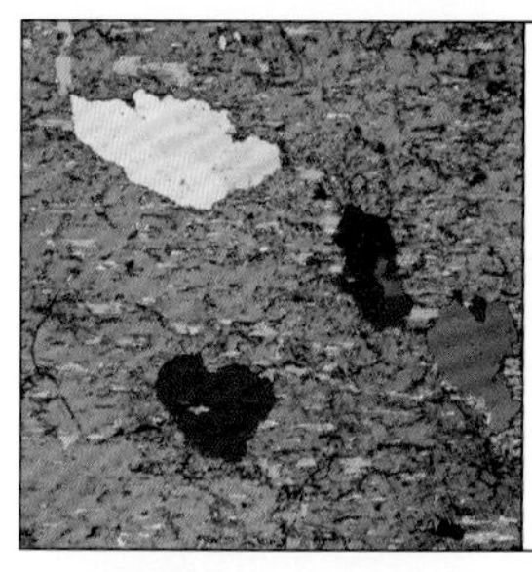

下地幔

在下地幔中（距地表 670～2900 千米），巨大的压力使较轻的上地幔的硅酸盐矿物变为非常密集的辉石（如图所示）和钙钛矿。由于地幔占地球体积的 80%，钙钛矿是地幔中含量最丰富的矿物，因而也是地球上含量最丰富的矿物。

地核

地球的地核（距地表 2900～6370 千米）是一个致密的球体，主要由铁和少许镍组成。外核十分炽热，温度可达 3300℃以上，以至于金属处于熔融状态。内核更加炽热，温度可达 7000℃，但巨大的压力作用使金属不能成为熔融态。

出露于地表的来自上地幔的橄榄岩

地质学家只需研究处于地球表面的岩石。但无论如何，地幔深处的各种岩石，偶尔会由于构造板块的移动和火山活动被带到地表。这张照片所示的是位于加拿大纽芬兰格罗斯莫恩高地上的巨大的风化的橄榄岩板片。在这个例子中，巨大的力量已经将海洋板块（以上地幔的上层来连接地壳）的一个板层挤压到大陆板块之上，从而使致密的橄榄岩从地幔中显露出来。

▼贯穿地壳的剖面

这张模式图显示了地壳和地幔的横截面，其中包括一些主要的地貌特征，以及这些表面特征与地球内部紧挨其下的部分之间的关系。由图中可以认识到，来自地幔中的炽热岩浆沿地壳上的裂缝上升，而大洋底部的洋中脊与此裂缝是如何排成一条线的。此外，还可以认识到，在地壳十分薄弱的位置或板块交界处的火山是如何爆发的。由板块移动而造成的压力的改变，有助于使地幔物质融化并且引起喷发。

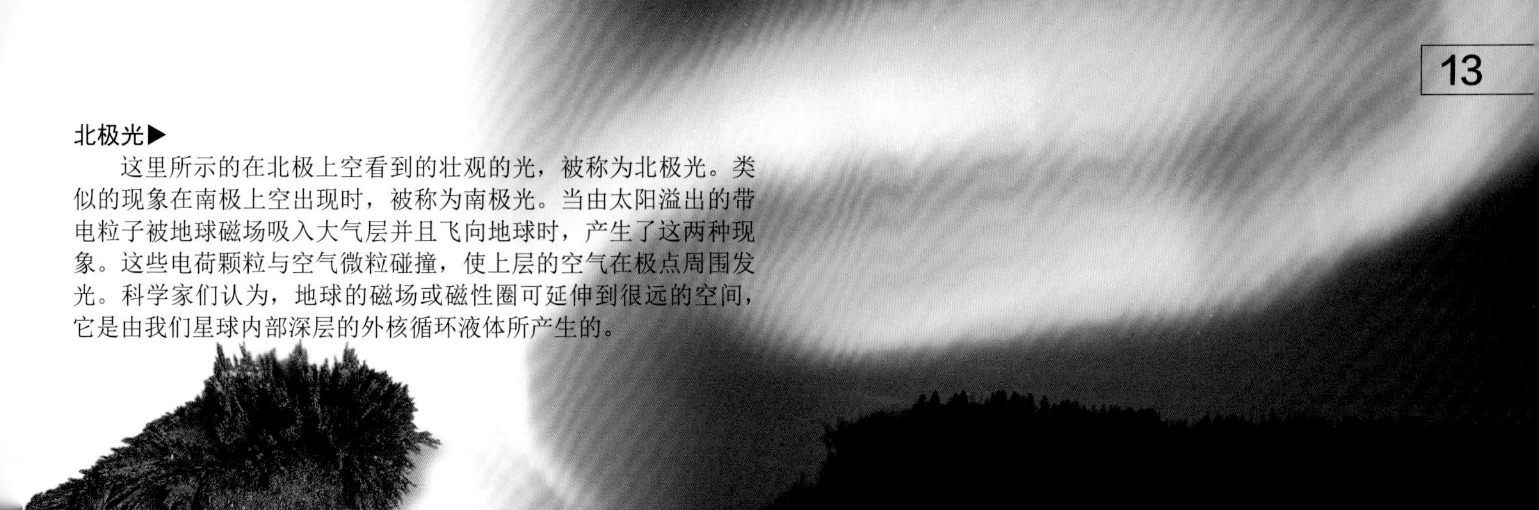

北极光▶

这里所示的在北极上空看到的壮观的光，被称为北极光。类似的现象在南极上空出现时，被称为南极光。当由太阳溢出的带电粒子被地球磁场吸入大气层并且飞向地球时，产生了这两种现象。这些电荷颗粒与空气微粒碰撞，使上层的空气在极点周围发光。科学家们认为，地球的磁场或磁性圈可延伸到很远的空间，它是由我们星球内部深层的外核循环液体所产生的。

▲具有磁性的岩石

在地球上发现的一些矿物，如磁铁矿（图中所示）和磁黄铁矿具有天然的磁性。当这些矿物在熔岩中自由移动时，它们沿地球的磁场排列。这种矿物在古老岩石中的排布，可以揭示出大量关于大陆移动的信息。

地球的组成矿物

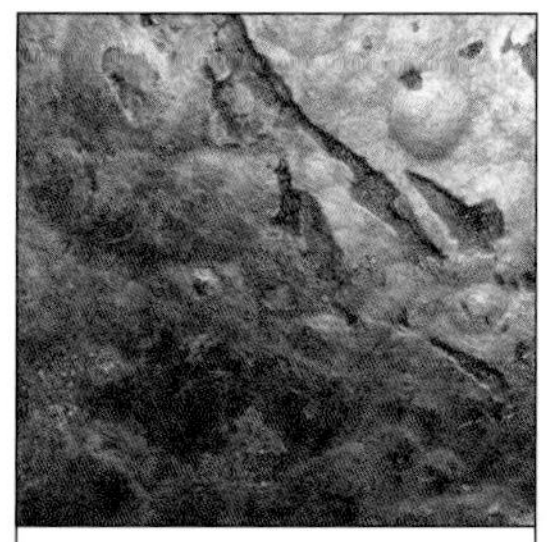

铁

地球上大多数的矿物由4种化学元素构成——铁（35％）、氧（28％）、镁（17％）和硅（13％）。虽然铁占了地球重量的三分之一且是地核的主要组成物质，但它作为一种纯净的元素在地壳中十分稀少，它通常与其他元素一起以化合物的形式存在。

硅

地壳的很多部分由两种元素的化合物组成，这两种元素分别是氧和硅，由它们形成的化合物被称为硅酸盐。这些矿物很轻，以至于它们在地球形成历史的初期就上升继而形成了地壳。单质硅十分稀少，但它几乎总是与氧结合在一起，如硅酸盐。石英就是一种典型的硅酸盐。

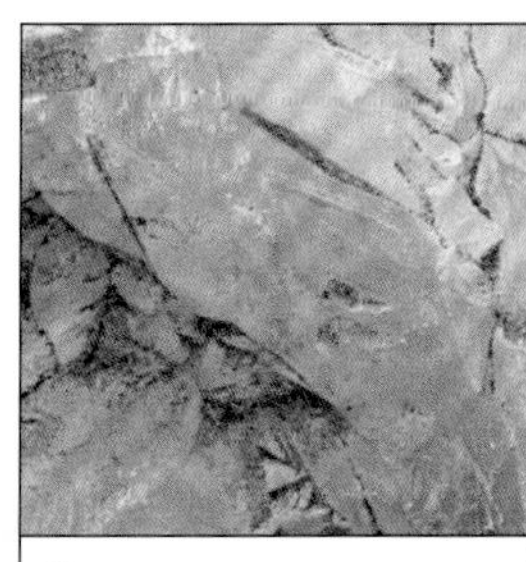

镁

镁是地球上含量位于第三位的元素，含铁和镁的硅酸盐是在上地幔中最常见的矿物。下地幔中的矿物大多数是镁的化合物，并附带有铁和氧。镁也存在于地壳中的多种硅酸盐中。

镍

镍在地球的地壳中是一种十分稀少的元素，呈现为镍铁的形式或者存在于化合物中。地核中大量的物质是由镍铁组成的。降落到地球的铁陨石富含镍铁，证明了镍在早期的太阳系中是一种关键的元素。工业所需的镍是从镍黄铁矿的矿石中提炼出来的。

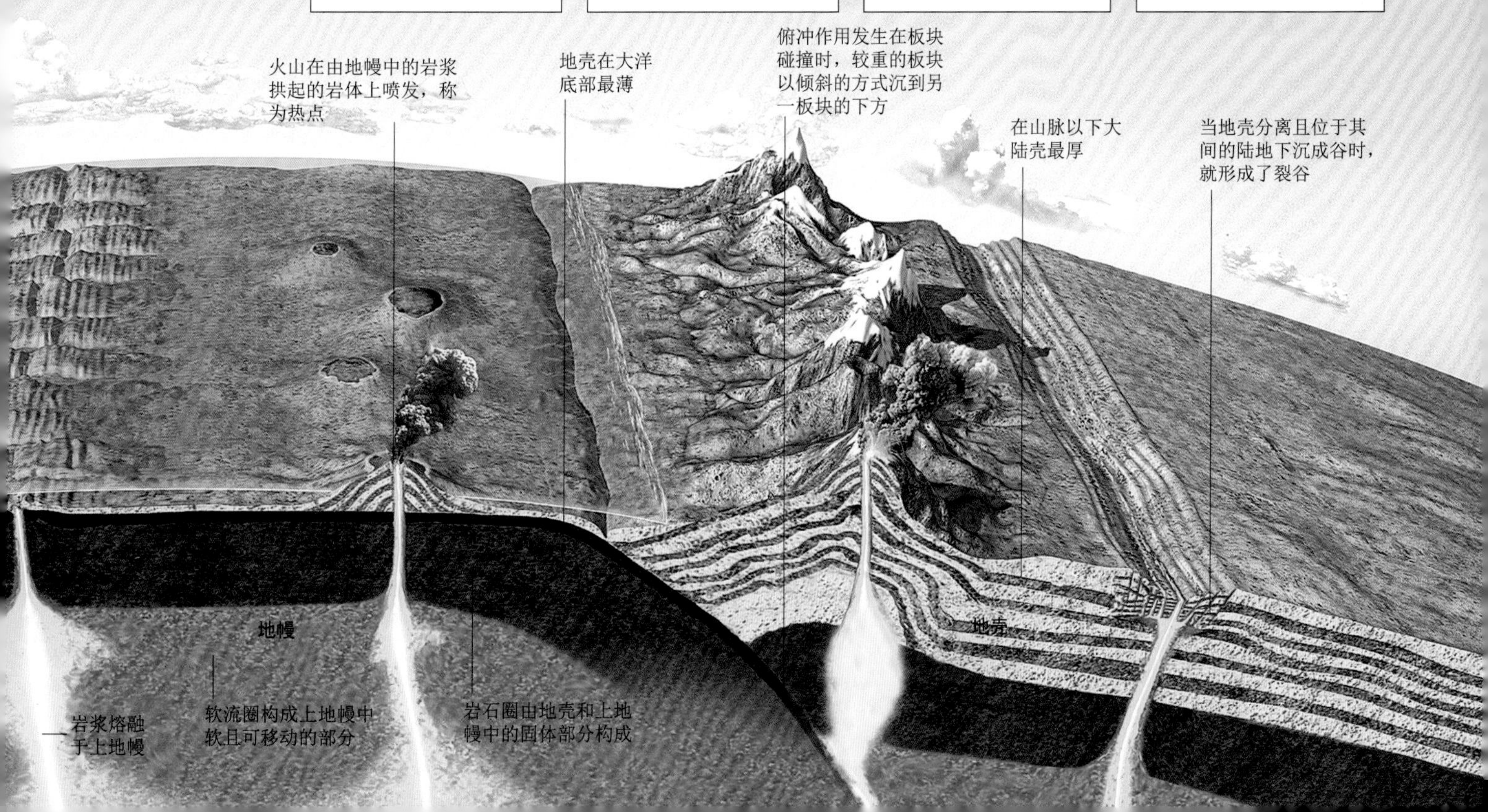

板块构造

地球上的陆地并不是一直都位于它们现在所处的位置。事实上，它们一直在我们脚下十分缓慢地移动着。不仅仅是大陆在移动，海底也在移动。地球上由岩石（组成了地壳和坚硬的上部地幔）构成的刚性外壳，被分为近 20 个大的板块，这些板块也就是众所周知的构造板块，其中包括 7 个巨大的板块和大约 12 个相对较小的板块，它们一直都在与其他板块相互推撞。大陆分散地嵌于这些板块中，并且随它们的迁移而移动。

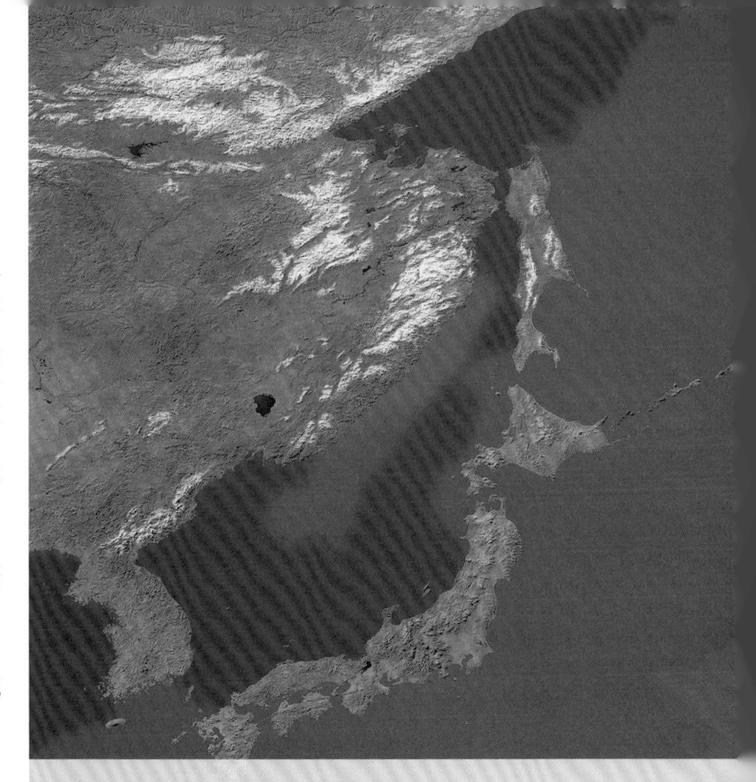

▲海洋与海洋的汇聚

构造板块在一些地方正在汇聚（碰撞）。较沉的板块（通常是大洋板块）下沉，同时较轻的板块骑在较沉的板块上，用力将其向下压至地幔，这被称为俯冲作用。从俯冲板块的熔融物质通过上层板块的薄弱边缘强行涌出，产生了一系列火山。当上层板块为大洋板块时，这种作用形成了一个弧形的火山群岛。日本群岛就是由太平洋板块和菲律宾板块俯冲到北美洲板块和欧亚板块之下的作用而形成的。

板块边界

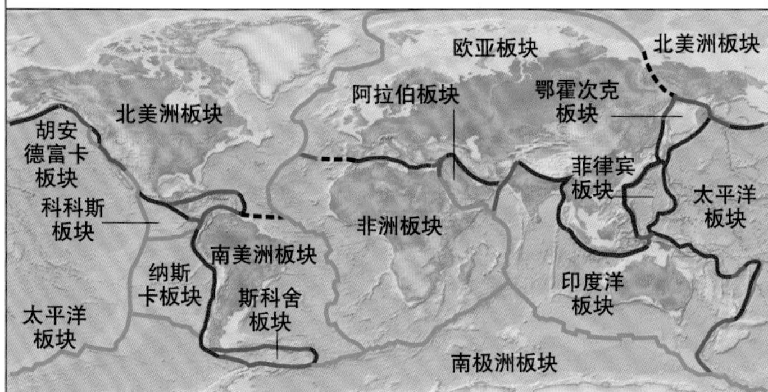

这张图展现了所有主要的构造板块和一些较小的板块。这些板块主要以三种方式不停地运动：汇聚、离散和转换。在太平洋板块、非洲板块、北美洲板块、南美洲板块、欧亚板块、印度洋板块和南极洲板块这七大板块中，只有太平洋板块上没有陆地。海洋下部板块的形成时间最晚，因为它们总是形成于离散型边界处。

图例
- 汇聚型边界
- 离散型边界
- 转换断层
- 不确定边界

离散型边界▶

在一些地方，通常是海洋中部，构造板块正在缓慢地分离（移开）。由于它们的分离，熔融的岩浆通过裂缝从地球内部涌出，并且固化生成新的地壳。海底以这种方式越扩越宽。大西洋正以大约每年 2 厘米的速度在增长。来自地球地幔中的炽热岩浆，沿着海底板块分离处的断裂形成了一条隆起的长脊，这就是众所周知的洋中脊。冰岛的格维利尔国家公园，是世界上少数几个可以在陆地上看到这条洋中脊的地点之一。

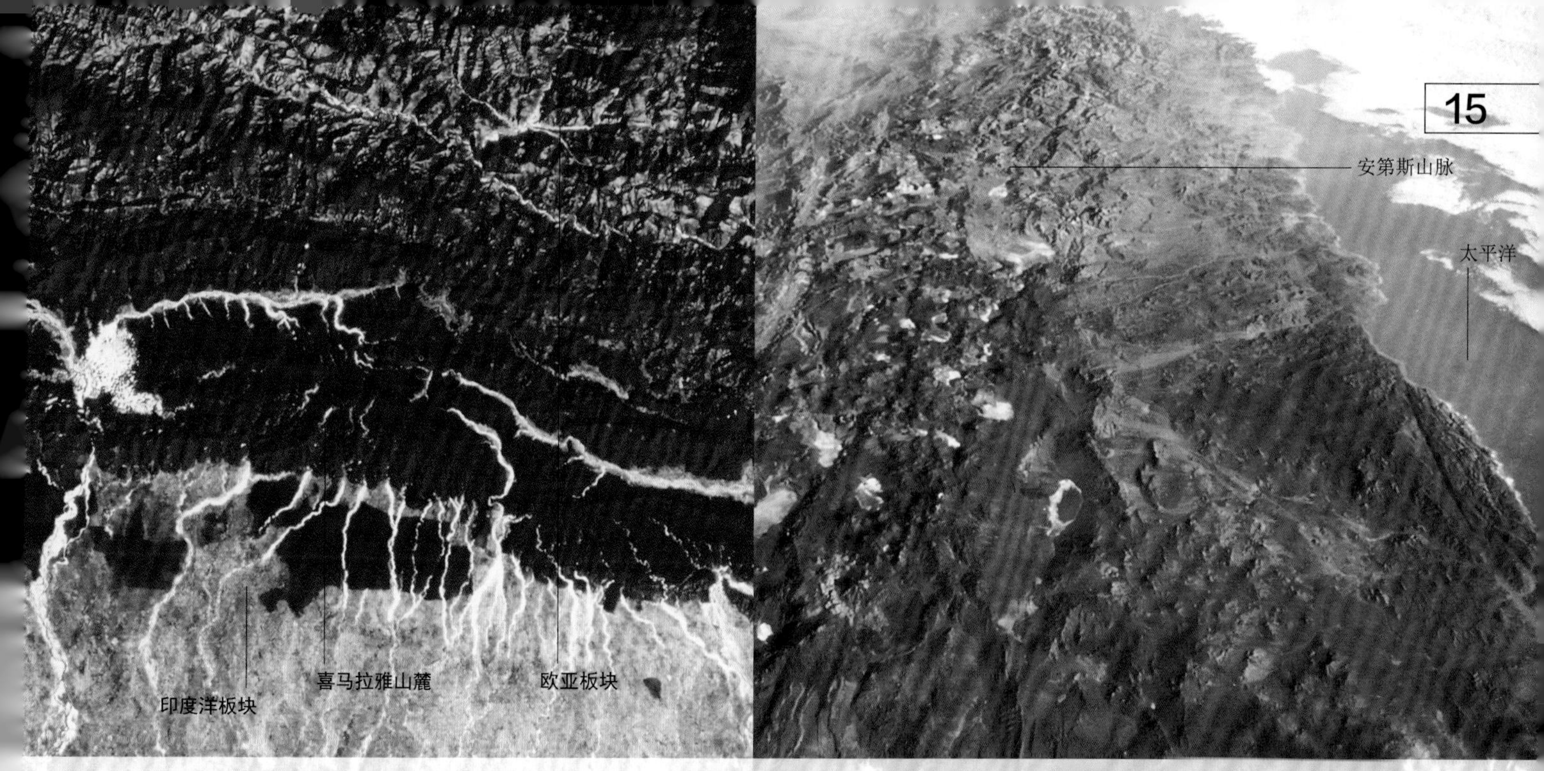

▲大陆与大陆的汇聚

大陆陆块有时会相撞。这种情况发生在亚洲南部，印度洋板块正在往北向欧亚板块推进。碰撞的巨大力量已经使两个大陆的岩石变形。在这里，在印度洋板块向欧亚板块推进的过程中，喜马拉雅山脉（世界上最高的山脉）已经如巨浪般耸起。但印度洋板块仍在以每年 5 厘米的速度向北移动，由于一系列的撞击，喜马拉雅山脉将会扩展得更远更宽。

▲大洋与大陆的汇聚

在一个大洋板块俯冲到另一个板块之下的位置，通常会形成一个非常深的海沟。所有围绕太平洋板块的板块都正在承受太平洋板块的向下俯冲。世界上的几个最深的海沟则标记了这些板块向下沉入地幔的具体位置，如深 10 920 米的马里亚纳海沟。纳斯卡板块与南美洲板块的碰撞不仅仅生成了一个深海沟，而且还使大陆西部的边缘褶皱隆起，从而形成了世界上最长的山脉——安第斯山脉。

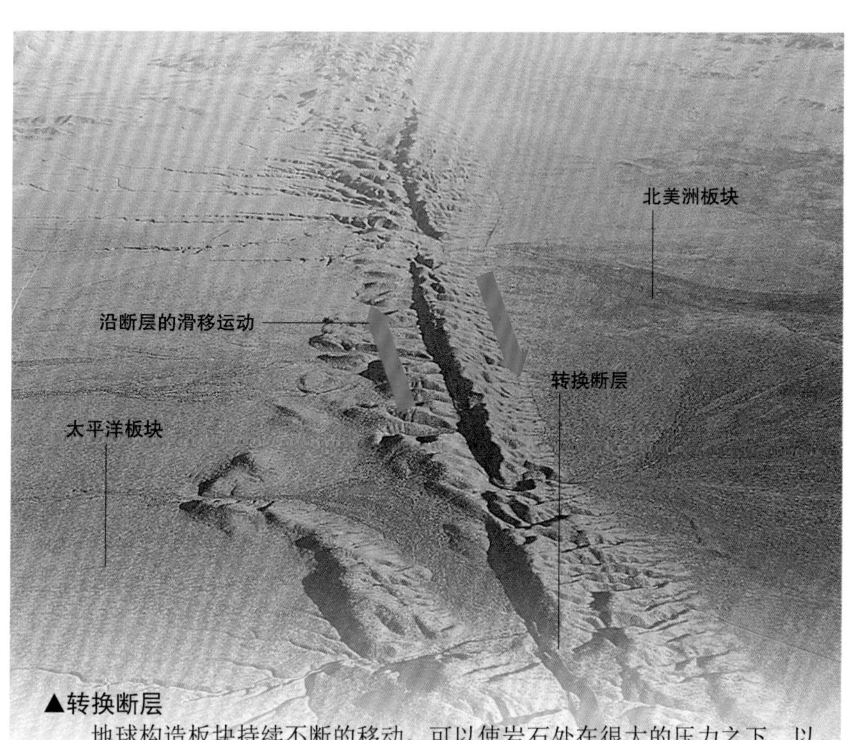

▲转换断层

地球构造板块持续不断的移动，可以使岩石处在很大的压力之下，以至于最终断裂。这在地球上所形成的大裂缝被称为断层。当断层的位置标记了两个构造板块之间的边界时，则被称为转换断层。美国加利福尼亚州的圣安德里亚斯断层（如图所示）是世界上最著名的转换断层。断层的东边是北美洲板块，西边是正在缓慢逆时针旋转的太平洋板块。由于它的旋转，在这个区域内的沿断层一侧的太平洋板块发生地震，则属于正常现象。

断层的类型

正断层

断层活动的区域或地带趋向于临近板块边缘。一个正断层往往发育在两个构造板块的分离处。复合而成的张力推动岩石块分离，使其中一块岩石下滑，下滑的表面被称为断层面。而名为断层崖的巨型悬崖，就是这样形成的。

逆断层

构造板块汇聚处，碰撞力能够强烈地挤压岩石，以至于形成逆断层。其中一块岩石被推到另一块的上方。如果这个断层十分浅，且断层面几乎呈水平状，则被称为逆冲断层，而滑坡常常与这些断层有关。

平移断层

有时候，板块既不汇聚也不分离，而是互相水平滑移。在这种情况下，它们将岩石块横向撕开而后分离，从而产生了平移断层，如这里所示的美国内华达州的断层。板块间的转换断层是巨大的平移断层，如圣安德里亚斯断层。

侵蚀力

山脉、丘陵、山谷和平原似乎会一直在原地不动，但是所有地球上的地貌都在随着流水、冰川、波浪、风及自然化学变化所造成的风化而缓慢地磨损。有时候，其影响是突然且戏剧性的。例如，当一个完整的山坡在强烈的暴风雨中被冲走时，就足以了解其突然且惊人的影响力。但是大多数时候，侵蚀作用十分缓慢以至于难以被人们所察觉。在数万年前，山脉碎裂，丘陵被夷平，山谷变成平原。这个将岩石破碎而获得碎石的过程称为侵蚀作用。沉积作用则发生在物质被水、风或冰搬运而又再次沉降的时候。

◀风化作用

当岩石暴露于空气、风和雨中及阳光下时，发生分解的过程称为风化作用。随着时间的流逝，风化作用可以破坏最坚硬的花岗岩，甚至于将其变为沙砾。岩石有时会因天气的变化而被破坏，如过冷或过热。例如，水在裂隙中结冰可以借助结冰膨胀的力量而扩张，从而破坏固体岩石。冻融的重复循环有助于侵蚀裸露的山峰。

◀侵蚀作用

有时岩石会被空气中的化学物质或雨水中的溶解物所侵蚀。在石灰岩地带，化学侵蚀作用的影响十分显著。空气中的二氧化碳溶解于雨水中形成了碳酸。虽然碳酸的酸性很弱，但作为雨水滴流在岩石的裂缝中时，它会很快地侵蚀石灰岩。在石灰岩台地中的裂缝通常被蚀刻出很深的凹槽，这种地貌被称为溶沟，如图中所示。

雪崩为冰川提供了冰和岩石碎屑

由风蚀作用形成的拱门

◀水的侵蚀作用

水具有强大的侵蚀力。内陆河雕刻出深谷，以便其流入海中。海边的浪蕴藏着来自风吹过广阔海洋的能量，无情地拍打着海岸。在海浪夹带的鹅卵石连续撞击海边岩石的同时，大自然还用强烈的气流冲击岩石的裂缝，从而将其劈开。有时海浪的这种持续撞击削去了海滨斜坡的下部，从而形成了陡崖。随后，这些陡崖可能会被更进一步地侵蚀，致使它们坍塌。这样的结果是仅留下一些海蚀柱，如澳大利亚维多利亚海岸的十二使徒（如图所示）。

◀冰川的侵蚀作用

在一些山脉上，因十分寒冷而使冰雪从不消融，经过年复一年慢慢地压实成大量的冰。最后，聚集的冰变得太过沉重，便开始缓慢地向山下流动，形成了由冰构成的河流，被称为冰川。如今，冰川只形成于极地地区和最高的山脉上，如巴基斯坦戈吉尔地区的巴图拉冰川（如图所示）。但是在过去，经过了被称为冰河期的漫长而寒冷的时期，北美与欧洲的大面积地区曾都埋于冰下。冰川的净重赋予它们形成景观的力量。它们刨蚀出巨大的“U”形谷，挖掘出深如碗状的冰斗，移走了整座山丘，并促使融冻崩解作用所形成的岩石碎片生成了结实的堆积物，这种堆积物被称为冰碛物。

◀风的侵蚀作用

在潮湿的地区，风的能量在陆地形成的过程中只起了很小的作用。但是对于气候干燥地区的景观，如沙漠，风可以扬起浮尘和沙砾，对岩石起到破坏性的影响。有时候，沙砾如粗砂纸般的磨损作用可以将岩石雕琢成奇特的形态，如美国犹他州拱门国家公园的这个沙岩塔拱。风也能够沿着荒漠的岩面卷起松散的岩石和沙砾，挖出被称为风蚀坑的浅碗状坑。地质学家曾一度认为沙漠主要因风而形成，但是在过去，洪水的影响可能更为重要。

▲搬运作用

当岩石剥落后，其碎片被水流或冰搬运、携带到其他地方；抑或在碎屑极细小且干燥的情况下，被风吹走。被河流带走的物质称为搬运物。它随水流的速度、流量和其流经地形的类型而变化。一些河流在每年的某个时段会携带大量的泥沙，从而变为褐色或黄色，如中国的黄河及南美洲的亚马孙河（如图所示）就是如此。

沉积地貌的种类

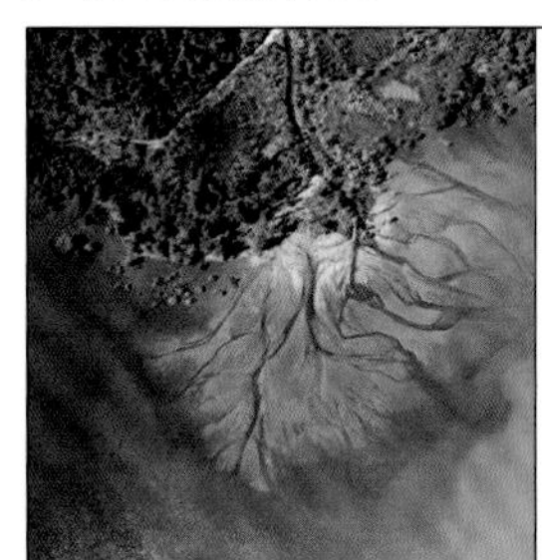

三角洲

当一条河流入大海或湖泊中时，会减慢速度，因此其搬运的泥沙将逐渐沉降。泥沙通常会堆积在一个被称为三角洲的扇形区域内。水流在这里出现相对较小的分支，被称为支流。这张俯视图展现了远离新喀里多尼亚东部海岸的三角洲处所沉积的淤泥。

河漫滩

当一条河临近大海时，它会在流经宽阔的河谷时变得更浅且更蜿蜒。当这条河泛滥时，会流下很宽的由细沙与淤泥形成的河漫滩。这张埃及尼罗河的图片清晰地显示了这些沉积物的范围。每年的洪水已经在沙漠中间形成了富饶而肥沃的狭长地带。

荒漠沙丘

在一些沙漠中，风将大量的沙堆积成巨大的沙丘。在非洲北部的撒哈拉沙漠中，这种沙丘可以延长至100千米、高至200米。倚仗沙的庞大数量以及风的强度与风向，这些沙构成了戏剧性的不断变化的景观。

黄土

风的作用不仅在沙漠中十分重要，凡是对干轻的、松散的物质都能起到重要的作用，如在海滩上和冰川边缘处。这些位于美国爱荷华州的侵蚀峰，都是由风吹来的被称为黄土的泥沙所形成，在冰河期由回撤的冰川所遗留。亚洲中部的大面积地区也被黄土沉积物所覆盖。

岩石循环

侵蚀作用无情地破坏着暴露于地表的岩石，而新的岩石总是由旧的岩石残留物再次重组而形成。这种反复的循环被称为岩石循环。一部分的循环十分快速而且非常显著，如悬崖的崩塌与火山的岩浆喷发；然而，大部分岩石仍深藏于地下，且循环周期长达数百万年或更长。板块的移动使沉积岩和火成岩转变为变质岩，或者使变质岩转变为火成岩。

岩石之旅

侵蚀作用

这些看起来十分坚硬的玄武岩悬崖会在不间断的岩石循环中被破坏。随着时间的推移，它们会被不断拍打的海浪磨成沙砾。这些沙砾可能形成新的沉积物；或者会沿着海底俯冲到地幔，并与上升的岩浆混合而形成新的火成岩。

融冻崩解作用

岩石循环可以发生在任何地方。这些火成岩分散在英国境内的威尔士山坡上，并且已经被渗透到裂缝中的水结冰膨胀作用而破碎。当进一步的侵蚀使碎片足够小时，它们将会被水流、风或冰带至山坡下。

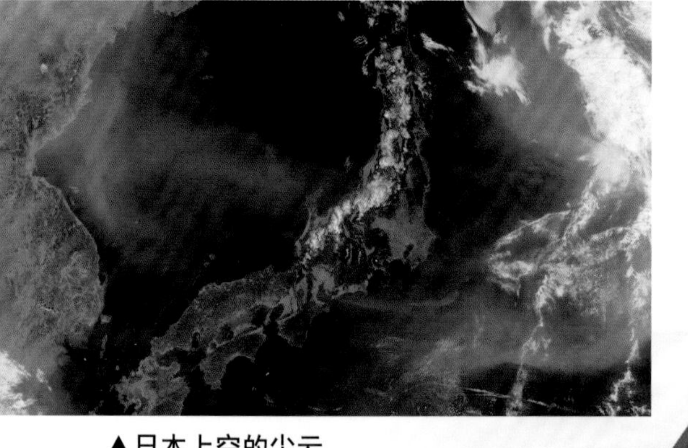

▲日本上空的尘云

甚至连风都可以在岩石循环中起到一定的作用。在这张照片中，自亚洲中部平原吹来的细小尘埃被带到位于东部的日本海域的上空。最后，这些尘埃将会停留并沉降到海底，并可能形成新的沉积岩或被俯冲作用（一个板块向另一个板块下方的沉降移动）带回地幔。

岩石循环▶

这张示意图说明了地球中的岩石在岩石循环中持续的生成、消亡又再生成的过程。物质以岩浆（熔融态的岩石）形式被带到地壳，在侵入体和火山中形成了火成岩。暴露于地表的岩石被侵蚀后，其碎屑可能冲到海洋中，经重新固结而生成新的沉积岩。此岩石随后可能被抬升而形成山脉，或者在高温和压力的作用下转而形成变质岩。沉积岩和变质岩也可能暴露于地表并被侵蚀，其碎片也可能被冲入大海而形成新的沉积岩，或被俯冲作用带到地幔中从而最终以岩浆的形式再次上升形成火成岩，抑或转变为变质岩。

来自火山的硫和碳的气体促成了化学风化

由风化所致的岩石破碎

冰川搬运岩石碎片

沉积层的沉积物最终变为岩石

沉积岩

大陆地壳

熔融态熔岩在地表冷却形成喷出岩，如玄武岩

岩浆在地下冷却形成侵入岩，如花岗岩

变质岩

上升的岩浆充满地壳内的岩浆房

沉积物与洋壳俯冲到另一个板块下方

火成岩

火成岩

俯冲板块上的沉积物和地壳融化后生成岩浆

搬运作用

为了形成新的岩石，风化碎片必须被带到它们可以堆积的地方。这里可以看到一条河，在其每一个弯曲处能够将沉积物堆积在河床上，并且改变其水流路线。当这些沉积物变为岩石时，河流的波痕便会清晰可见。

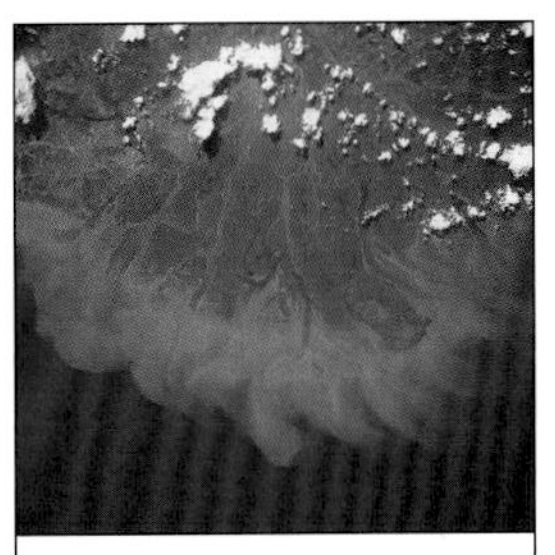

沉积作用

一些沿途的沉积物被冲刷到流向海的河流中，随后沉积成三角洲，如图中这个位于印尼婆罗洲东南部的三角洲。较重的颗粒先沉淀，并且趋于压实成为砂岩；较轻的沉积物则被搬运到较远处沉积下来，形成页岩和泥岩。

沉积岩

沉积物一旦岩化（变为岩石），构造板块的移动就可能将其岩层抬升到地表。出露的岩石（如这里所示的页岩层），可能被水和风所侵蚀，从而为新岩石的生成提供原料。未出露于地表的沉积岩可能会在变质作用下形成新的岩石。

变质岩

所有类型的岩石（火成岩、变质岩或沉积岩），都可能在高温和压力下发生变化而形成新的变质岩。例如，当页岩受到构造压力时变为板岩，而随后，板岩亦可能在过高的温度和压力下生成片岩（如图中所示）和片麻岩。

火成岩

地表的喷发熔岩或地下的岩浆凝固，都在持续地为地壳补充新生的岩石。直至今日，这种物质仍在重复地循环。在临近夏威夷海滨处喷发的熔岩（如图中所示），可能含有数百万年前俯冲到地下的物质和那些已经历了再次循环而到达地幔的物质。

◀漂砾

这些巨大的石块，也就是众所周知的漂流石，是由冰川携带滚落而形成的景观。一些在冰川融化前，已经被带至800千米以外，并且遗留了下来。作为岩石循环的一部分，它们可能看起来过于庞大，但即便是最大的石块也会因长期的风化而形成沙砾和黏土，最终变成沉积岩。

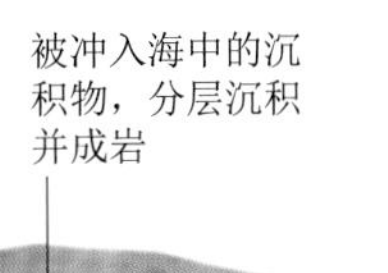

岩石循环过程

- 构造板块的离散和汇聚形成新生的火成岩，俯冲作用经常会引发火山的活动和岩浆的上涌
- 风、雨以及化学风化作用（如从火山喷出的硫酸）将出露的岩石分解
- 由水（雨水、河流、海水）、风以及冰（冰川）所搬运的岩石碎屑
- 岩石碎屑作为沉积物沉积于陆地、海底，被压实而成为岩石
- 板块的运动使岩石隆起并出露于地表
- 处于压力（来自造山运动）和高温（来自岩浆）下的岩石发生变化从而生成新的变质岩

▲洋中脊上的枕状熔岩

不断活动于大西洋中部下方的是一条处于两个主要构造板块间的裂缝。这两个板块正在缓慢地分离，使岩浆通过这个裂缝涌出，并且在其向后倾斜的边缘冷却，形成一个隆起的洋中脊。炽热的熔岩在冰冷的海水中迅速冷却，凝固成被称为枕状熔岩的枕形块体。

火山

在地球的某些地方，岩浆从很深的地下涌到地表，以炽热的熔岩溢流出地面，形成火山。有时候，一个火山可能会因很厚的岩浆堵塞物而被阻塞，而后它会突然以巨大的爆炸而喷出，将蒸汽和灼热的碎片喷射到高空。连续的火山爆发可以建造出巨大得足以成为一座山的火山锥，它由围绕在火山周围的火山灰和熔岩所构成。

◀斯特隆布利式喷发

在岩浆呈酸性且黏稠的地方（以沿着汇聚板块的边缘为特点），火山爆发通常都很激烈，如在西西里的埃特纳山上的一幕（如图所示）。当埃特纳火山喷发时，它反复地喷溅出水滴状熔岩。这被称为斯特隆布利式喷发，在喷发结束之后，一个岛屿从西西里消失了。

熔融态岩浆团块

由火山灰和蒸汽组成的巨大的云层

全球火山活动

圣海伦斯火山
埃特纳火山
莫纳罗亚火山
皮纳图博火山
坦博拉火山

火山是岩浆（熔融态岩石）穿透地壳到达地表的位置，并不是随意确定的。总体上来说，除少数火山以外，大多数火山都接近于构造板块的边缘，特别是在围绕太平洋的环状带（被称为环状火山带）内分布广泛。热点火山就是其中的例外，如夏威夷的莫纳罗亚火山，是由太平洋板块移到一个固定的热点而形成的。这是一种频繁爆发但程度比较温和的盾状火山。

火山的类型

成层火山

当黏稠的岩浆从单一火山口剧烈地喷发出来时，接连不断地喷射会形成一个独特的由熔岩和火山灰层构成的锥形山。这个独具特色的陡坡形是由黏稠的熔岩蔓延到远处之前冷却并变硬而形成的。成层火山又被人们称为复合火山。

盾状火山

在构造板块被撕裂处，岩浆很容易地到达地表，所以它的酸性和相对黏稠度均较小。易流动的玄武岩熔岩不断地涌出形成了广阔的缓慢溢出的火山，其延伸通常大于10千米，被称为盾状火山。夏威夷的莫纳罗亚火山是世界上最大的盾状火山。

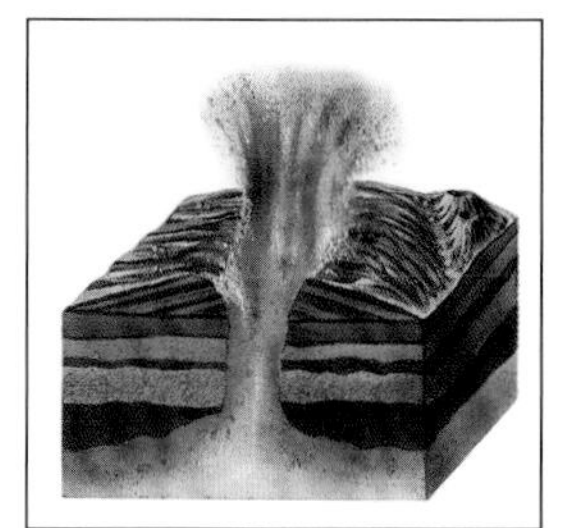

裂隙式火山

不是所有的喷发都来自一个单一的孔道，裂隙式喷发就发生在熔岩沿一条长裂隙溢出地表的地方。大面积的裂隙式喷发主要发生在洋中脊沿线，也就是构造板块相背离处。小型的裂隙式喷发发生在大型火山的侧面，大型火山的侧面会出现小裂缝，熔岩喷出时形成“火幕”。

▲西西里的埃特纳火山的熔岩河

熔岩是对涌出地表的熔融态岩浆的称谓。爆发的火山往往会在爆发过程的短暂喷射中，产出熔岩及其他岩屑。相对而言，流出火山的软泥质熔岩总是连续不断的。埃特纳火山表现出成层火山与盾状火山的混合特点，是一座连续喷发的活火山，它主要形成流动熔岩并发生柔和的爆炸式喷发。

溢流熔岩的类型

绳状熔岩

溢流火山产生了两种截然不同类型的熔岩，在夏威夷语中称为绳状熔岩和渣块熔岩。绳状熔岩在夏威夷的火山爆发中十分普遍，这种流动性很好的熔岩会迅速地在大面积范围内展开。当熔融态的熔岩继续在表层下流动时，表层的熔岩会因冷却褶皱而成绳状盘绕。

渣块熔岩

夏威夷火山以熔岩喷射式喷溅而著名，十分壮观。岩浆在下落的时候冷却并凝结，生成的块状熔岩，称为渣块熔岩，这些熔岩比绳状熔岩流动缓慢。渣块熔岩堆积在之前因熔岩泄出而碎裂地面上，形成了很厚的外壳。

▲普林尼式火山喷发

普林尼式火山喷发，是爆发性最强的火山。1980年在美国圣海伦斯火山看到的这种喷发现象就属于普林尼式火山喷发。它们是依据小普林尼而命名，他目睹了维苏威火山毁灭性的喷发，于公元79年埋葬了罗马时期的庞贝。在这样的喷发中，喷发的蒸汽和二氧化碳气体爆炸，形成了直冲到高空平流层的、由燃烧的火山灰和火山碎屑构成的气体云。

▲皮纳图博火山的泥石流

1991年6月，菲律宾皮纳图博火山的爆发，是20世纪最大的火山喷发之一。尽管如此，主要的破坏不是来自内部爆炸，也不是来自灼热的熔岩，而是来自由夹带火山灰的雨水和岩石碎屑组成的致命的泥石流，它覆盖于地面（如这张卫星照片所示），彻底摧毁了农作物并导致成千上万的建筑物坍塌。

◀皮纳图博火山的火成碎屑流

通常一次火山喷发最大的毁灭性影响来自火山碎屑流或炽热的火山云，如这里所示的皮纳图博火山。这些是火山灰和火山碎屑（大块的固体岩浆因爆炸而粉碎）构成的山崩，咆哮着滚到火山的侧面。这些气流的速度可以达到时速500千米，温度高达800℃，可将其途经的一切全部烧毁。

火成岩

尽管经常被沉积岩薄层所覆盖，火成岩还是形成了地球的大部分地壳。火成岩共有 600 多个不同的种类，但都形成于岩浆（来自地球灼热内部的熔融态岩石）。当其接近于地表时，会冷却结晶成大量坚硬的固体岩石。岩浆在变成岩石之前，有时会从火山中喷发出来，这种岩石被称为喷出岩。而当岩浆在地下成体系的凝固时，岩石则会以侵入的方式形成，如岩基、岩墙和岩床。

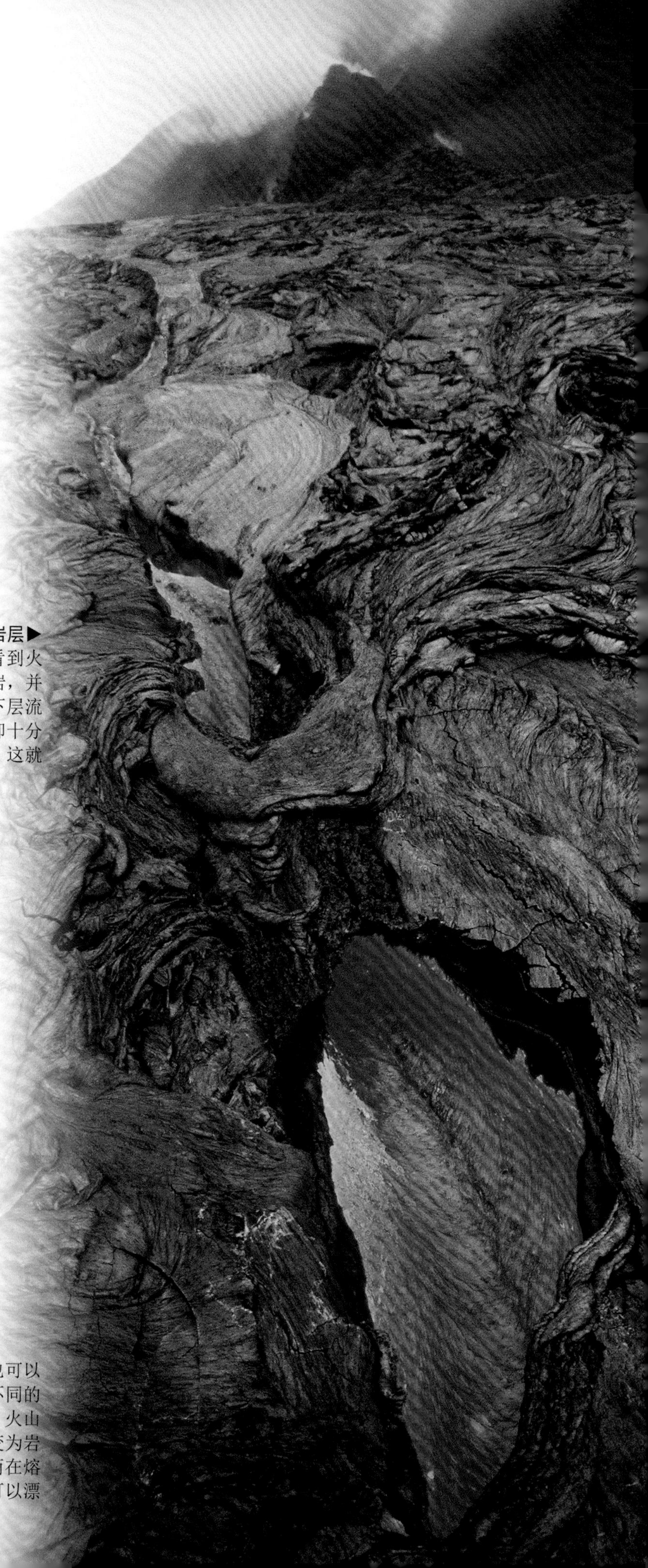

正在活动的岩层▶

在一些火山上（如夏威夷这样的火山），很容易看到火成岩真实的形成过程。灼热的岩浆软泥在表层形成熔岩，并流经地表。熔岩的表面很快冷却，当炽热的熔岩仍在下层流动时，上层已经形成了由岩石组成的外壳。熔岩的冷却十分迅速，以至于形成的岩石没有时间以结晶的方式生成。这就形成了具有细密纹理的火山岩，如玄武岩。

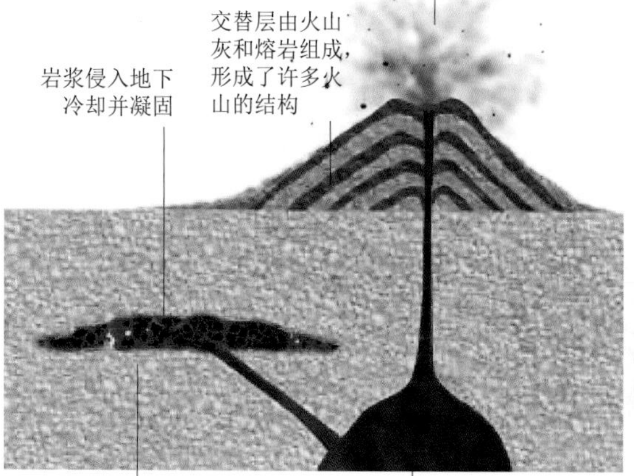

▲岩浆转变为岩石

岩浆可以通过地表火山喷发的方式形成火山岩，也可以通过地下大量凝固的方式形成火成岩。火山能以多种不同的形式喷涌出岩浆，如以熔融态岩石（熔岩）、火山灰、火山渣、火山泡沫等形式，所有这些物质在冷却后都会转变为岩石。例如，火山灰能形成一种被称为凝灰岩的岩石，而在熔融态熔岩顶部的火山泡沫则可以形成一种轻而多孔，可以漂浮的名为浮石的岩石。

冷却岩浆的溢流▶

位于北爱尔兰北部海滨的巨人堤，是一个由玄武岩质的六边形柱体所构成的显著岩层。这些柱体的形状十分规则，以至于有人将它们化为一个传说，在传说中这些石柱是一个名为芬恩·麦克库尔的巨人为出海所建造的路，它将爱尔兰与苏格兰连接到一起。事实上，这个巨人堤是6000万年前溢出到地表的古老的熔岩流。这些石柱形成于熔岩的冷却、收缩和破裂。

侵入构造

岩基

大量的巨型岩浆泡可以将岩浆推向地球表面，并将其他岩石推到周边或将其融化。一些岩浆泡在地表以下变硬，生成了大量的被称为岩基的坚硬岩石。岩基周围的软岩石经过数百万年的侵蚀，使出露的岩基转化为山脉。

岩墙

在地表以上的岩墙，展现出上升岩浆将覆盖于其上的岩石劈开并经由裂缝将自身向上推的位置。当覆盖在岩墙上的软岩石消磨掉之后，壮观的岩墙保留于原地。岩墙和其他切穿原有岩石结构的侵入体被统称为不整合侵入体。

岩床

图中所示的这种暗色的岩石条带就是岩床，它是一种薄的火成岩条带，由灼热岩浆侵入到两个岩层间的裂缝中而形成。这样有时可以留下一条细的贯穿于一个广阔区域内的火成岩带。岩床与其他仍保留原岩结构的侵入体被统称为整合侵入体。

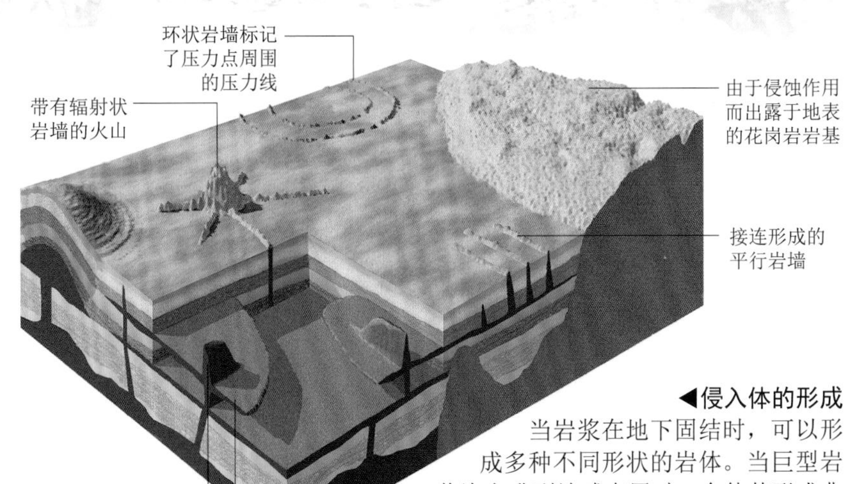

◀侵入体的形成

当岩浆在地下固结时，可以形成多种不同形状的岩体。当巨型岩浆泡上升到地球表层时，会使其形成典型的大穹隆（岩基），或在裂缝中形成被称为岩墙和岩床的薄层。除此以外，根据岩浆的压力和围岩的结构，侵入岩浆也能呈现为其他形状。

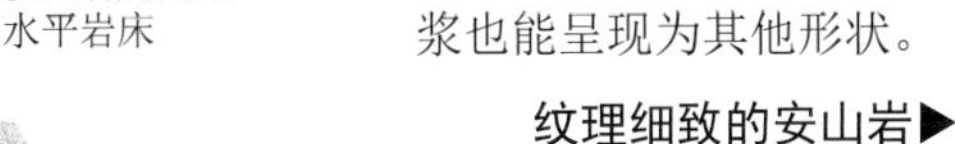

纹理粗糙的结晶花岗岩▶

花岗伟晶岩中的晶体很大，不用借助于显微镜就可以很容易地观察到。大颗粒的晶体指示出，这种岩石是在地表以下深层的侵入体中缓慢冷却而形成的。当花岗岩岩基冷却凝固时，典型的花岗伟晶岩脉在其裂缝中结晶而成。它们以花岗岩为基础，但可以包含巨大的宝石晶体，如黄玉和绿柱石。这里所看到的暗色晶体为电气石。

纹理细致的安山岩▶

安山岩是仅次于花岗岩的最普遍的火山岩，它的名字来源于美国南部的安第斯山脉。安山岩由一种黏稠的熔岩形成，在强烈爆发的喷发前它趋于将火山阻塞的状态。与大多数火山岩相似的是，由于在地球表面的快速冷却，安山岩具有细致的纹理。尽管如此，这个样品还是包含了较大的晶体，它们是在岩浆到达地表之前就形成的。

火成岩的鉴别

所有火成岩都属于结晶质（由晶体聚集而成）。通常根据光泽和颗粒形态就可以很容易地识别它们。少数岩石会具有玻璃状（无颗粒感）的外观，如黑曜岩。岩浆无论形成于何地（在地面以上或以下），也无论冷却得有多快，它的化学成分都供给了不同的火成岩岩体。酸性岩浆形成了浅色岩石，如流纹岩；基性岩浆形成颜色较深的岩石，如玄武岩；形成于深部的岩石由于岩浆的缓慢冷却而形成粗晶粒，如花岗岩；靠近地表形成的岩石由于岩浆的快速冷却而形成细晶粒，如玄武岩。

▲黑曜岩刀

黑曜岩是一种墨黑色的如玻璃般的岩石，被中美洲的阿兹特克人所珍视，他们用它来做祭祀用的刀（如图中所示）。它是由冷却过快还来不及结晶的流纹岩质熔岩而形成的。黑曜岩通常只有在现代火山活动的发生地才能找到，因为在经过数百年后，它就会趋向于呈暗淡且呈砂糖状。

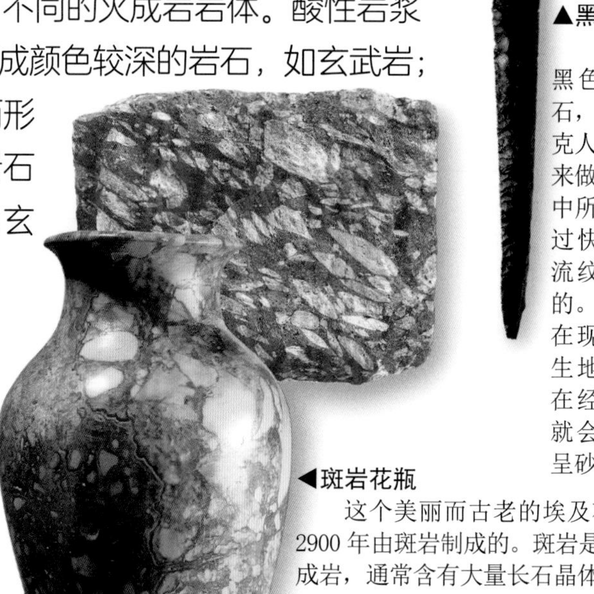

◀斑岩花瓶

这个美丽而古老的埃及花瓶是在公元前2900年由斑岩制成的。斑岩是中粒或细粒的火成岩，通常含有大量长石晶体。含有大量晶体（形成于地球深层）的岩浆侵入表层岩体（如岩墙或岩床）中，从而发育成典型的斑岩。

颗粒大小（冷却的速度）

细粒（快速）

熔岩冷却过快以至于不能生长成大的晶体，从而生成了细粒结构的岩石。这些晶体太小以至于难以用肉眼识别，但当岩石被置于日光下时，可以看到它们闪烁的光芒。最常见的三种细粒结构的岩石是玄武岩、安山岩和流纹岩（图中所示）。

中粒（中速）

在地下岩墙和岩床中冷却稍慢一些的岩浆，形成了中等的颗粒。虽然这种大小的颗粒为可见颗粒，但并不能凭肉眼鉴别。辉绿岩（图中所示）是最常见的中粒级岩石，形成于美国新泽西的帕利塞德岩床和英国的格里特惠恩岩床。

粗粒（慢速）

大量的深层岩浆结晶非常缓慢，这就为晶体生长提供了充足的时间，用肉眼就可以观察到，如这块结晶花岗岩上的深色电气石和粉色长石。最寻常的粗粒火成岩是花岗岩和辉长岩。

雕刻于拉什莫尔山上的美国总统头像，其中包括乔治·华盛顿

花岗岩总统头像▶

火成岩十分的坚韧，无论是建筑还是雕刻，用它制成的任何东西都能保存很长时间。这四个美国总统的头像（华盛顿、杰弗逊、西奥多·罗斯福和林肯）位于美国南达科他州黑山的拉什莫尔山上，它们是由形成于约17亿年前的花岗岩雕刻而成的。这项工程历经了14载，这些总统头像的轮廓将有可能保持数万年。华盛顿和林肯额头上的白色条纹就是伟晶花岗岩的岩墙。

根据化学成分分类

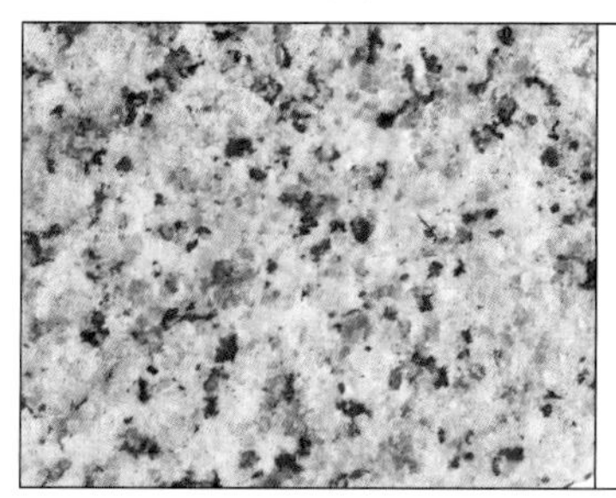

酸性岩

二氧化硅含量大于65%的岩浆被称为酸性岩浆。酸性岩也含有大量的石英（大于10%）和长石。当它结晶时，玻璃光泽的石英和米黄色的长石使岩石呈现出很浅的颜色。酸性侵入岩包括花岗岩（图中所示），而酸性喷出岩则是流纹岩。

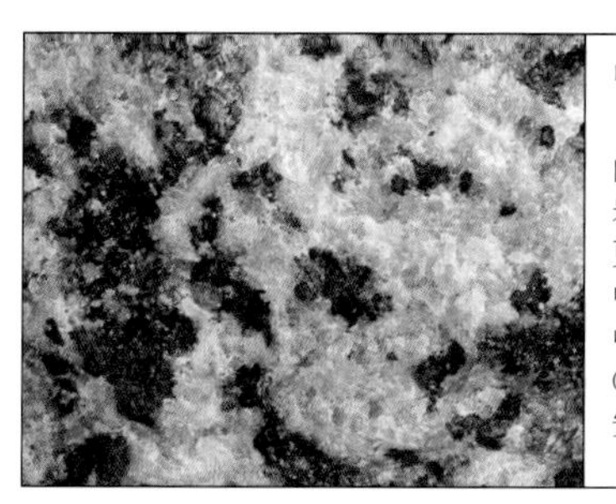

中性岩

二氧化硅含量在55%～65%的岩浆所形成的岩石称为中性岩。由于含有少量的浅色石英和更多的深色矿物（如角闪石），中性岩的颜色略深于酸性岩。中性侵入岩主要包括闪长岩（如图所示），而中性喷出岩则为安山岩。

基性岩

二氧化硅含量在45%～55%的岩浆所形成的岩石是基性岩，其颜色为深色甚至黑色。在地表以上，典型的基性熔岩形成了细粒结构的玄武岩，这属于最常见的火成岩。基性岩浆在地表以下的岩床和岩墙中形成了中粒结构的辉绿岩，同时在更深的地层中形成了粗粒结构的辉长岩（图中所示）。

超基性岩

二氧化硅含量低于45%且不含长石矿物的火成岩，被称为超基性岩。如橄榄岩（如图中所示）和辉岩这样的岩石是由大量的橄榄石和辉石组成的。橄榄岩是一种相对稀少的岩石，它在板块碰撞过程中由地幔而来。

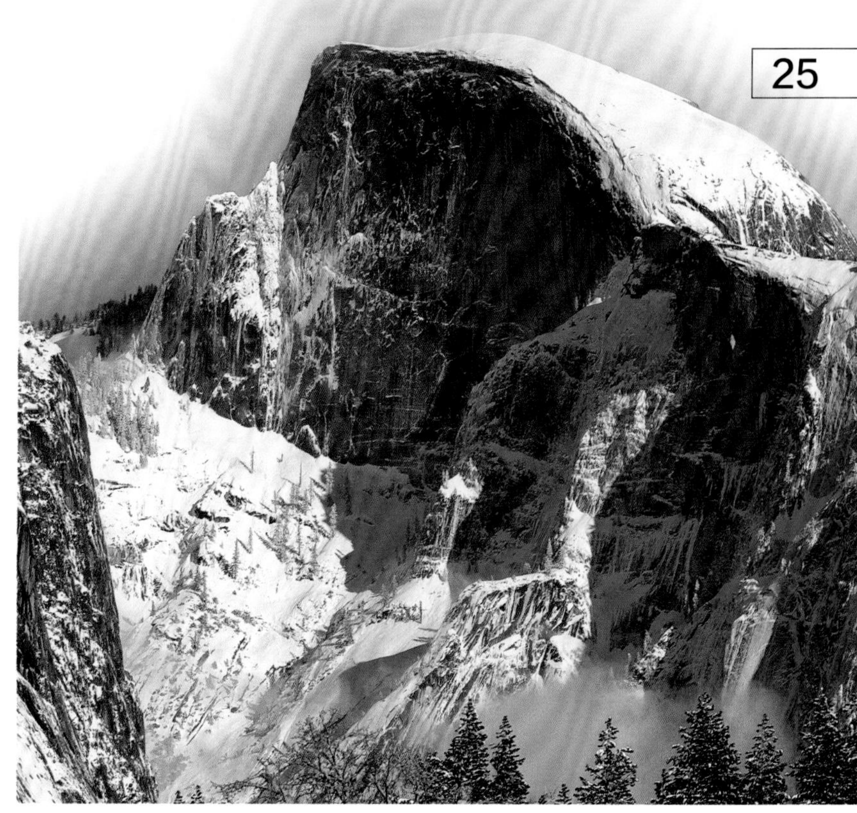

约塞米蒂国家公园的半圆丘▲

约塞米蒂国家公园的半圆丘，位于美国加利福尼亚州的内华达山脉地区，它是一个生动的出露岩基的实例。大约在5000万年以前，大量的岩浆在地下凝固，并且因覆盖其上的较软的岩层（非火成岩）被风化、消逝而逐渐露出地表。这个较为坚硬的花岗闪长岩（花岗岩和闪长岩的一种混合岩）圆丘最终被遗留下来，并在这之后被冰川切去了一半。

玄武岩中的杏仁孔

一些火成岩（如玄武岩和安山岩）能够含有可填入其他矿物的凹坑，也就是我们通常所说的杏仁孔。杏仁孔由岩浆中的气泡所形成，“杏仁孔”一词来源于拉丁语的“almond”（杏仁）。很显然，富含矿物质的热液捕获了很多气泡，从而形成名为沸石的矿物。

沸石

花岗岩确保了雕刻品的耐久性

变质岩

变质岩是处于剧烈的高温或压力条件下而已经变得面目全非的岩石。接触变质作用，发生在岩石与火成岩侵入带的炽热岩浆相接触的时候。极高的温度可以使岩石内部的大量晶体重新排列，以至于仅靠加热的作用就可将其变为一种新的岩石，如大理岩或角岩。

◀冲击变质作用

并不是所有的接触变质作用都是由火山活动而引发的。当一个陨石极速撞入地球时，其撞击会通过大地传递出极大的冲击波，将岩石挤压，从而使其密度变为最初的两到三倍。这张显微照片就显示了石英晶体结构的变化。

挤压前的石英

挤压后的石英

角岩由泥岩转变而来

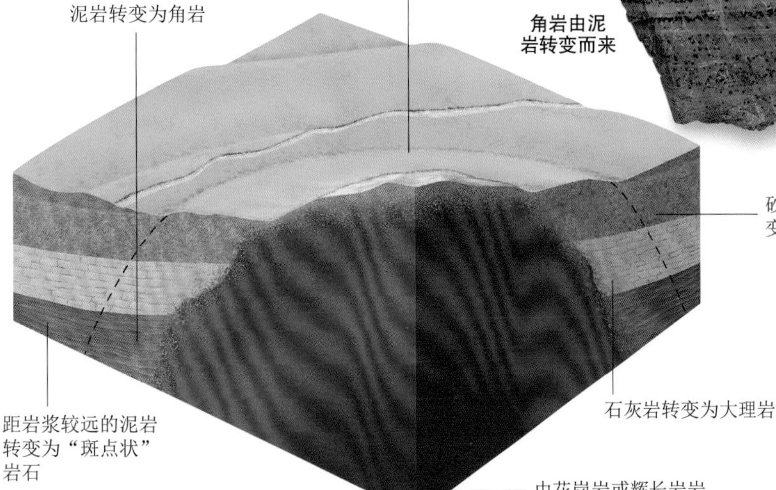

▲接触变质作用

巨大岩浆岩基的高温热能，使岩石周围的物质发生转变，接近于岩浆部分的岩石转变为岩基，岩基越大，被热能转变的岩石就越多。砂岩转变为坚硬的石英岩；石灰岩变成亮白色或有条纹的大理岩；接近于岩基边缘的泥岩变为深色的裂片状的角岩；远离岩基的一些矿物并未改变，同时也有新的矿物生成，因而形成了“斑点状”岩石。

巨大的力量▶

变质作用过程中具有极高的温度和巨大的压力，变质作用产生的岩石都十分坚韧，并且可以经受数百万年的侵蚀。有些变质作用发生在很深的地层中。在这里，地球构造板块以足够大的力量移动，以便能够在海底开凿深沟或高耸的巨大山脉，如位于格陵兰的斯塔宁阿尔卑斯山脉（如图中所示）。

▲新生的结晶体

熔融态岩浆非常灼热，以至于可将其四周的围岩（在变质作用发生前就存在的岩石）熔化，从而形成全新的晶体。因为像红柱石、蓝晶石和硅线石这样的矿物，只能在高温高压的环境下形成，所以其出现就成为变质岩存在的明确标志。一些美丽的宝石晶体就是在变质条件下形成的，如嵌在片岩（泥岩高度变质的一种产物）中的铁铝榴石。

◀砂岩变为石英岩

砂岩中的石英颗粒十分坚韧，变质作用的热度只能起到很小的作用，只能将砂岩锻造为（如左图所示）更坚韧的石英岩（如右图所示）。石英岩看起来有些像坚硬的红糖，它十分的坚固，以至于在澳大利亚西部35亿年前的最古老的岩石中，仍有它的存在。

◀石灰岩变为大理岩

当处于高强度的温度与压力下，石灰岩（如左图所示）和白云岩可转变为大理岩（如右图所示）。石灰岩中富含有来自生命物质的方解石（碳酸钙）。石灰岩是一种无光泽的粉状岩石，但是接触变质作用可将其转变为坚韧的白色大理岩。

卡拉拉的大理石采石场▲

在造山运动的区域内，接触变质作用和区域变质作用（产生在高强度压力所存在的一个很大区域内）可以使石灰岩中的方解石重新结晶，从而转变为大理岩。石灰岩越纯净，形成的大理岩就越白。产于意大利亚平宁山脉卡拉拉的亮白色大理岩，是所有大理岩中最完美的，并且被文艺复兴时期的雕刻家们（如米开朗基罗）所钟爱。石灰岩原岩中的杂质（如二氧化硅和铁）使大理石具有与众不同的彩色条纹。

区域变质作用

板块碰撞所产生的巨大作用力，可以将大范围内的岩石碾碎并烘干，使大面积的岩石发生变质。有时，区域变质作用可与接触变质作用生成相似的岩石。但是，通常情况下，接触变质作用更趋向于生成新的岩石。而最剧烈的区域变质作用具有它自己独特的带状结构。

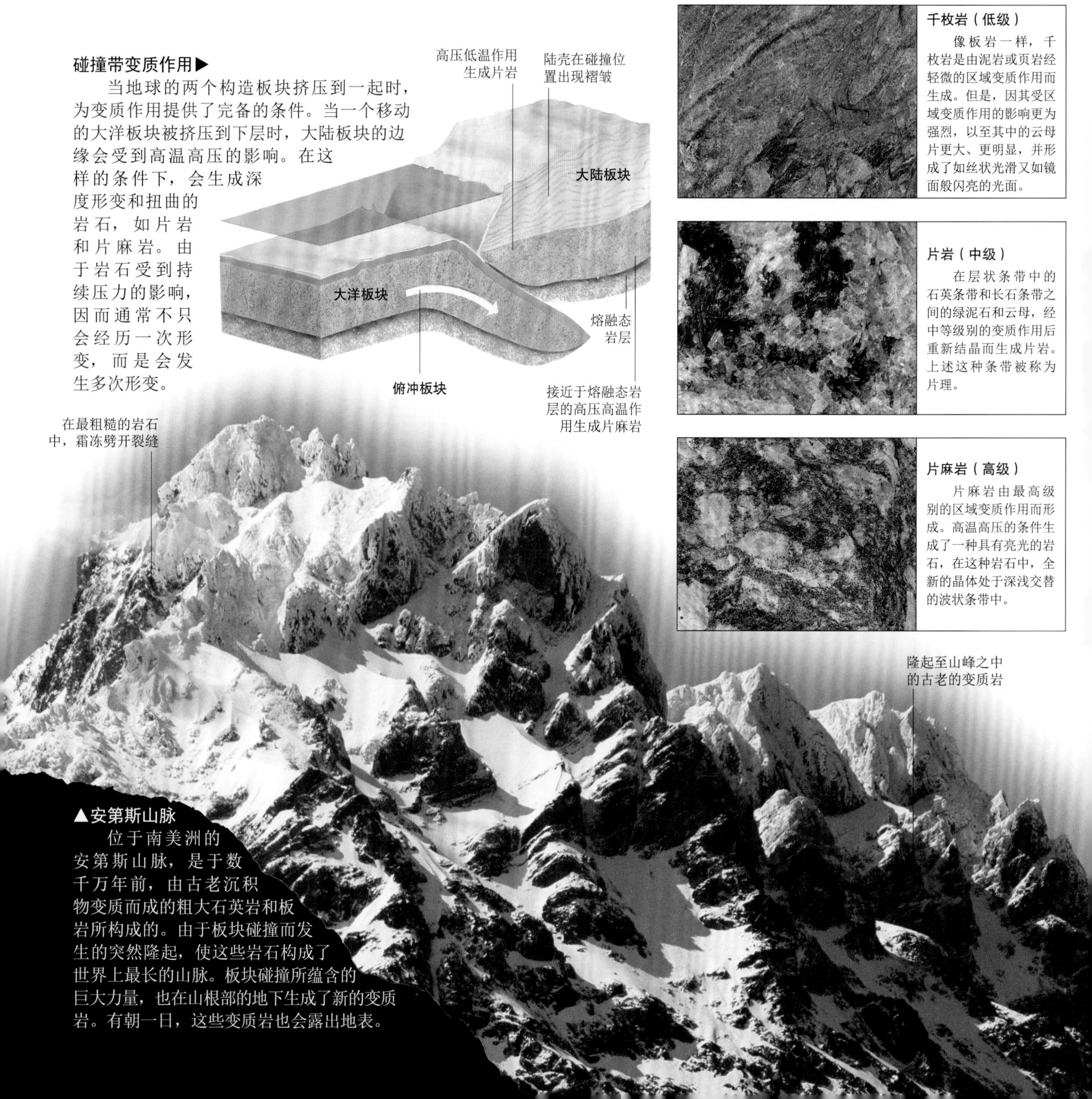

碰撞带变质作用▶

当地球的两个构造板块挤压到一起时，为变质作用提供了完备的条件。当一个移动的大洋板块被挤压到下层时，大陆板块的边缘会受到高温高压的影响。在这样的条件下，会生成深度形变和扭曲的岩石，如片岩和片麻岩。由于岩石受到持续压力的影响，因而通常不只会经历一次形变，而是会发生多次形变。

▲安第斯山脉

位于南美洲的安第斯山脉，是于数千万年前，由古老沉积物变质而成的粗大石英岩和板岩所构成的。由于板块碰撞而发生的突然隆起，使这些岩石构成了世界上最长的山脉。板块碰撞所蕴含的巨大力量，也在山根部的地下生成了新的变质岩。有朝一日，这些变质岩也会露出地表。

区域变质作用的等级

板岩（低级）

低级区域变质作用使泥岩转变为薄片状的灰色板岩。黏土中存在有高压低温重结晶矿物，如在平直岩层内的云母和绿泥石。

千枚岩（低级）

像板岩一样，千枚岩是由泥岩或页岩经轻微的区域变质作用而生成。但是，因其受区域变质作用的影响更为强烈，以至其中的云母片更大、更明显，并形成了如丝状光滑又如镜面般闪亮的光面。

片岩（中级）

在层状条带中的石英条带和长石条带之间的绿泥石和云母，经中等级别的变质作用后重新结晶而生成片岩。上述这种条带被称为片理。

片麻岩（高级）

片麻岩由最高级别的区域变质作用而形成。高温高压的条件生成了一种具有亮光的岩石，在这种岩石中，全新的晶体处于深浅交替的波状条带中。

叶理▶

从泥岩和页岩变质而成的岩石，通常具有被称为叶理的平直或波浪状的线条为标志。这些暗色的线条，就是在薄片状矿物条带（如云母）被压力挤成扁平状时形成的。板岩、千枚岩、片岩和片麻岩都存在这样的叶理。由石灰岩、砂岩和煤变质而成的岩石（大理岩、石英岩和无烟煤）就没有这种叶理，其晶体颗粒间的相互联结没有特定的模式，被称为粒状结构。

◀威尔士的板岩采石场

在板岩中，所有的矿物呈深灰色的细粒形态。板岩的叶理不能生成深浅交替的条带。取而代之的是使云母和绿泥石矿物在层间压力的作用下重新结晶。这样就形成了一种很容易被劈开成光滑、平整薄片的岩石，其中不乏形成一些巨石。这个板岩采石场位于威尔士，这里曾因板岩工厂而一度世界闻名。

劈开板岩

板岩易碎并且很容易成片剥落，但它同时也具有抗风化能力强的特点。这种既具有抗风化能力又容易被分割成薄片的特性，使板岩成为理想的屋顶建筑材料。在19世纪到20世纪期间，这种岩石在欧洲和美国被用于建造众多新宅的屋顶。板岩制造者是具有高技能的工匠，他们仅使用锤子和凿子就可以将块状的板岩劈成光滑且规则的薄片。

褶皱的片麻岩

褶皱▶

在褶皱的片麻岩中，由暗色的角闪石和云母、浅色的石英和长石等矿物所组成的分层条带清晰可见。褶皱发生在岩石层因板块移动而扭曲时，而这种板块移动又没有足够强大的力量改变当时的岩石成分。图中所示是位于英国南威尔士的褶皱峭壁。

沉积岩

沉积岩是由其他岩石的碎屑和生物的残骸所形成的岩石，是岩石的第三种基本类型。虽然它只构成地球上地壳体积的 5%，但是它的覆盖面积达到了陆地表面的 75%。沉积岩可分成三种类型：碎屑沉积岩（由岩石颗粒组成）、化学沉积岩或无机沉积岩（由可溶于水的颗粒组成）和有机沉积岩（由植物残余物组成）。一些沉积岩包含有化石，它们可以为了解地球的地质史而提供至关重要的线索。

◀**沉积层**

当岩石暴露于风、雨以及周期重复的冰冻和消融等自然环境时，就会被缓慢地侵蚀。岩石碎屑被水、风和冰带走，并沉积成层。随着时间的流逝，这些岩石层会被更多的沉积物所掩埋，并最终岩化成沉积岩。当沉积岩暴露于（如图所示）横断面时，可以看到沉积物所沉积地层的状态，即一层覆盖于另一层之上，层层累积。

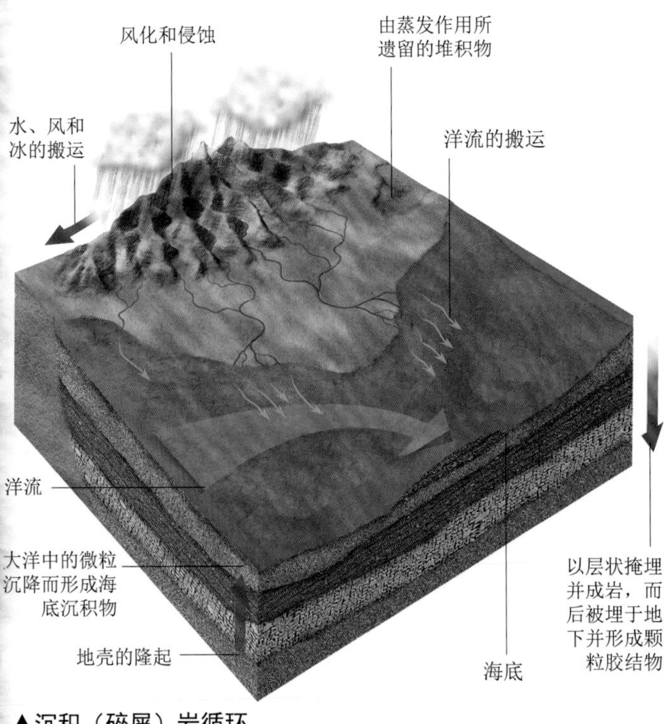

▲**沉积（碎屑）岩循环**

在岩石循环的阶段，碎屑沉积岩由数百万的岩石颗粒形成，由风、水和冰进行搬运，这些颗粒再成为沉积物堆积于海洋、湖泊和河床上。层层覆盖，直至覆盖于其上的岩层以及流经沉积物的水流中的矿物沉降，使重量聚集到一定程度，最终将岩石颗粒胶结在一起。经过数百万年，这些岩层便形成了沉积岩。

碎屑岩的粒度分级

巨砾

碎屑岩由多种粒度的岩石组成，其粒度范围从显微级（黏土级）到巨大级（巨砾级）。巨砾岩的粒径大于 25 厘米，只有冰川才能将其移动。当较小的巨砾与较细的颗粒相结合时，形成一种混合物，被称为砾岩。

粗砾

粗砾的大小范围为6～25 厘米，是由强大的动力根据尺寸分选出的颗粒。因此，它们通常发现于高能量的环境中，如急流的河中和滑坡处。粗砾的砾石能够结合形成砾岩或角砾岩。

中砾

中砾是组成砾岩的典型颗粒，其粒径范围是 4 ～ 60 毫米。这种小圆石的形成曾经历了持续的翻滚、在河流中及海岸上的颠簸。可想而知，经过这样长期的搬运后，任何锐利的边缘最终都能被磨得十分平滑。

沙砾

位于下层的中砾变为碎砾石，而后成为沙砾。沙砾的粒径达到 2 毫米，并仍保持肉眼可见。沙砾出现于许多环境条件下，从高山湖泊到大洋底部都可以看到它们的身影。沙砾结合在一起就形成了砂岩。

粉砂

粉砂颗粒比沙砾更小，并且通过肉眼无法直接观察到。粉砂的产生是很长时间风化的结果，粉砂颗粒通常沉降于平静的河床（没有或很少有水流）。它们与黏土结合形成细粒的岩石，如泥岩和页岩。

黏土

所有颗粒中最小的就是黏土。搬运黏土微粒只需要很小的能量，因此它的沉降十分缓慢，自海滨搬运的距离也最远。这种微小颗粒的积聚通常与平静的自然环境相关联，如湖泊、沼泽或潟湖。

形成于主要
岩层中的倾
斜地层

▲不整合层理

当沉积物层铺于地层上时，形成了沉积岩，这一层是沉积岩最典型的特征之一。每一层都是特有的，随着成分和厚度的变化，反映出其沉积时的不同条件。一个层理面，也就是两个沉积岩层之间的分界面，通常表现为一条明显的贯穿于岩石的线。不整合面是岩层中有规律的断裂，它的存在表明在旧岩石上新的造岩阶段已经开始。

▲交错层理

鉴于沉积物通常是来自流体中的颗粒的聚集，大多数岩层都呈水平沉积。但沉积物有时并不会沉降为水平岩层。如果倾斜地层横穿于主要岩层并位于主要岩层内部，其结果就会形成交错层理。这是沙丘、河流三角洲及河道环境的特征形貌。在美国科罗拉多州纳瓦霍的这个被侵蚀的砂岩的独特图案，是由不同方向与不同时间的水流移动所造成的。

◀泥岩

包括泥岩、页岩和粉砂岩在内的细粒岩石，是最常见的沉积岩。在页岩劈入岩层中的同时，泥岩破碎呈块状。

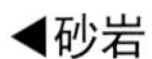

◀砂岩

石英是大部分砂岩的主要组成矿物，含有长石的砂岩被称为长石砂岩，那些由混合颗粒所形成的砂岩被称为杂砂岩。砂岩很容易雕刻且抗风化。

黄土▶

黄土是源于后退冰盾边缘的尘埃和粉砂。它可以被风吹散到很远处形成极其肥沃的土壤。根据估算可知，地球表面的10%覆盖了大量的黄土堆积物，如在中国北部所发现的黄土。

角砾岩▶

当岩石混合物中存在带棱角的大颗粒时，此岩石被称为角砾岩。大多数角砾岩形成于山脉地区，在这里的冻融循环将岩石破碎成粗大且边缘锋利的碎石块。这些碎石可以在陡坡脚下，聚集成锥形堆积物。

◀砾岩

当中砾大小及更大的圆形颗粒在细粉砂基质中胶结在一起时，就形成了砾岩。砾岩十分坚硬，中砾岩曾一度用于研磨颗粒。

化学沉积物

碎屑沉积岩由岩石碎片形成，在碎屑沉积岩中经常可以看到原始的矿物颗粒甚至完整的中砾碎屑。但经地球内部化学反应的具有粉状结构的沉积岩，并没有原始碎片的痕迹。这些岩石是由方解石等溶于水的矿物形成的。这种可溶矿物能够生成固体堆积物或沉淀物。一些沉淀物仅填充于其他沉积物的缝隙中，而另外一些则会完全形成新的岩石，如石灰岩。

鲕状石灰岩▶

鲕状石灰岩，由被称为鲕粒的细小的球状方解石组成。鲕粒，是由从饱和石灰水中析出的方解石沉淀物，与在地下水流中滚成球状的泥沙所黏结成的细粒粉砂。鲕粒一词来源于希腊语，意为“卵形”。由于这种岩石和鱼卵十分相似，也被称为鱼卵状石灰岩。

由方解石沉积而形成的鲕状球体

鲕粒的形成▲

鲕粒形成于较浅的、富含碳酸盐的热带水域，如图中所示的巴哈马群岛。凡是出现鲕状石灰岩的地方，其数百万年前的自然条件都与此地类似。美国堪萨斯州和英国多塞特的著名的鲕状石灰岩，就是在与这里相似的自然条件下形成的。

细密的碳酸盐岩

▲白云质石灰岩

在热带浅海区域，充分的蒸发作用使碳酸盐矿物能够沉淀于海底，这些堆积物最终形成了石灰岩。当主要矿物为含钙的碳酸盐时，形成石灰岩；当主要矿物为含镁（在海水中很常见）的碳酸盐时，则形成白云质石灰岩。

由化学风化作用形成的锯齿状边缘的山脊

白云岩▶

“白云”一词来源于意大利北部的白云石山脉，它位于阿尔卑斯山脉的东部边界处。像所有阿尔卑斯山的沉积物一样，在白云石山脉的石灰岩也形成于海底，这里曾一度位于欧洲北部和非洲之间。但经过数百万年以后，非洲板块向北部移动的压力将这个海底的地壳抬升，从而形成了今日所见的这座引人瞩目的山脉。

▲加利福尼亚州莫诺湖的泉华塔

泉华是白色多节的岩石，由方解石（碳酸钙）的堆积而形成。典型的泉华形成于温泉周围，或以石笋和钟乳石的形式形成于洞穴中。在富含钙质的温泉潺潺流入富含碳酸盐的湖中的这个位置，由于钙离子与碳酸根的结合就有可能形成泉华塔。这些塔生长于水下，但在加利福尼亚州的莫诺湖中，由于水平面的下降使它们逐渐显露出来。在加利福尼亚州莫哈韦沙漠的特罗纳平纳克利斯地区，有古老湖泊蒸发后而遗留下来的高达43米的泉华塔。

沉积岩中的矿物结构

龟背石

结核体是形成于沉积岩中的坚硬的矿物小圆块。龟背石形成初期如泥球般，形成在分解的海洋生物周围。当它们干燥后，就会被像白云石这样的矿物填满。这些矿物相继裂开，并且在这些裂隙中充填了方解石脉（如图中所示的白色部分）。

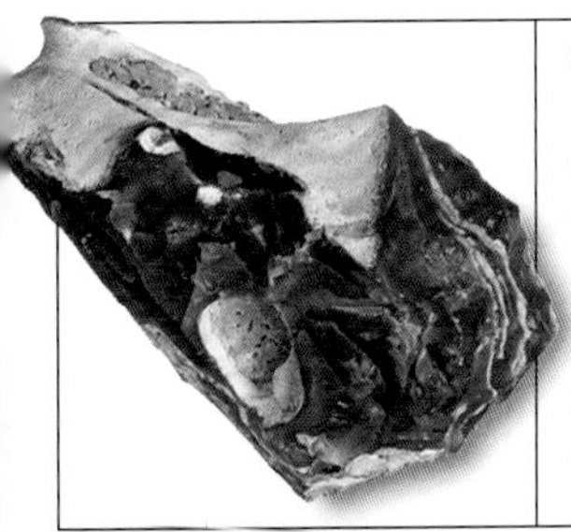

燧石

燧石结核体出现在白垩和其他石灰岩中，它们由富含硅质的流体的泡沫发生固结而形成，这些流体则来源于海绵的残余物。从外表来看，它们是白色的鹅卵石，但其内部看起来就像棕色玻璃。它们断裂形成如此锐利的边缘，以至于在石器时代曾被作为刀使用。

黄铁矿结核体

因其形态而常常被误认成陨石。它们通常被发现于泥岩和页岩中，长的辐射状针形黄铁矿晶体形成于矿物碎片周围。黄铁矿与石头相撞时会产生火星，所以，黄铁矿结核体有可能是人类最早的生火工具。

▲中国青海盐湖的蒸发岩

蒸发岩是一种曾溶解于水中的盐类，当溶有这种盐类的水蒸发后，这些盐类便以沉积物的形式遗留下来。蒸发岩中的典型矿物是石盐和石膏，它们在海水蒸发的潟湖和沙漠周围的盐湖中十分普遍，如美国犹他州的大盐湖和中国青海的盐湖。

喀斯特地貌▶

中国云南省的石林，是喀斯特地貌的一个鲜明示例。在斯洛文尼亚喀斯特地区，有着与众不同的石灰岩结构，“喀斯特”这个名称便来源于此。石灰岩很容易被通过岩石裂缝渗入的酸雨所溶解，这些奇异的形态就是数万年化学侵蚀的结果。

洞穴

许多山脉、丘陵和峭壁都有天然的孔洞或洞穴。大的且最普遍的洞穴是由含化学物质的水滴流到岩石上并将其溶解而形成的，这些洞穴被称为溶洞，它们属于典型的石灰岩区域，在这个区域中岩石通常被挖空成为特有的巨洞。除此以外，洞穴也有可能由其他原因而形成。例如，海蚀洞是在大海的峭壁处，因海浪的拍打将裂隙撑开而挖出的洞穴；冰洞是由冰川下部冰的融化而形成；熔岩洞则是由熔岩流中的灼热熔岩所留下的通道。

在不同水平面形成的洞穴

泉水显示了地下河流到达地表的位置

地下湖标记了地下水位的顶端

落水洞是溪流流到地下的入口

壶穴是水向下泻流的垂直井穴

长廊中充满了不寻常的方解石矿物，如这个拱形

钟乳石自洞顶垂下

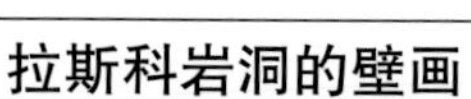

岩石的不透水层促使水流向地表

▲洞穴体系

因为水流通过裂隙很容易就能渗入石灰岩中，所以在石灰岩地区就很少存在地表水。溪流大多从坑洼处倾泻而下，当水流向下方时，其中过盛的酸溶解了岩石从而拓宽了通道和洞穴中如管子般的水道。水流在某一处会达到地下水位——由于接触地下水而永久浸湿的岩石所在的水平线，从而形成大的洞穴。地下水位会随着天气的变化而产生波动，所以新洞穴会形成于不同的水平线上。经过千万年，复杂多层的洞穴体系便能逐步形成，如位于美国肯塔基州的著名的猛犸象洞穴。

拉斯科岩洞的壁画

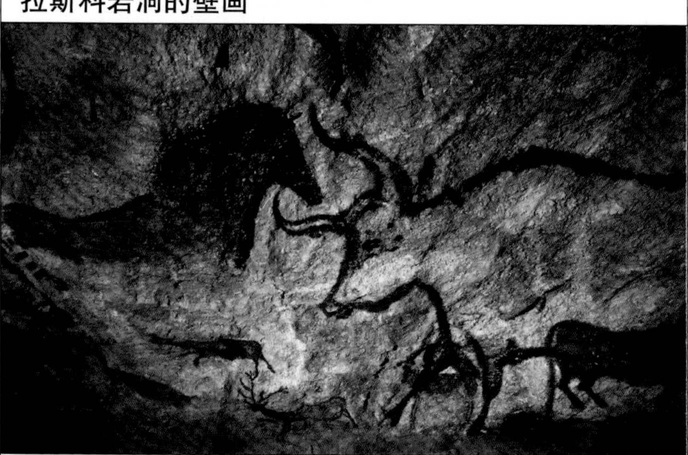

在史前时代，人类经常在山洞中藏身。这种结论的依据是留存于山洞中的人工制品及壁画，特别是在欧洲西部、中国和非洲南部所发现的这些遗迹更能证明这一点。虽然有时这些人在提及时被称为穴居人，但他们并不住在山洞中，而是用山洞来抵御恶劣天气并防御食肉动物的攻击。在洞穴的深处，原始的人类绘出动物的图形及打猎的场面，这些图画在当时可能已经具备了一定的宗教意义。一些发现于法国拉斯科岩洞的流传久远的壁画，大约绘制于1.7万年前。

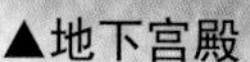

▲地下宫殿

巨型石灰岩洞可以形成特有的天然宫殿，如这里所示在彩色灯光照射下的景观就是位于中国北京房山区的云水洞。这些巨洞布满着不同种类的方解石（碳酸钙）沉积物，合称为洞穴沉积物。石灰岩中的方解石溶于水中，饱和方解石水流的持续滴落就形成了这种洞穴沉积物。这些较大洞中的沉积物可生成一种内部梁柱和平台，颜色可从雪花白色到由铁沉积物致色的深红色。著名的溶洞结构是钟乳石和石笋，而扭曲的结构则被称为螺旋石。

▲沙漠绿洲

地下水是所有储存于地下土壤或透水层（水可以透过其滴流的岩石）中的水。地下水在允许水位上升的低洼处显露于地表，如在非洲南部纳米比亚的这个沙漠绿洲中所示的情况就是如此。当大雨或冰雪融化使地下水位升高时，地下水就能够在地表出现，从而形成喷泉、井或湖。

洞穴沉积物

石笋

石笋是呈显著长钉状的及圆柱状的岩石，由富含方解石的水滴流在洞穴地面上而形成。当水蒸发到洞中的空气中时，地面上沉淀出方解石，随着慢慢地累积，逐渐成长为越来越高的结构。当石笋长到可与向下生长的钟乳石相接的高度时，就形成了如图所示的柱子。这个高27米的帝王柱形成于卡尔斯巴德巨穴，这是一个巨大的石灰岩巨穴和通道的综合体，其延伸了超过50千米，位于美国新墨西哥州。

钟乳石

钟乳石具有与冰柱类似的壮观的外形特征，它由从巨穴顶部慢慢向下滴流的水所形成。一个钟乳石是逐步一滴一滴长成的，在它到达洞底之前，每一滴都暂时附着在钟乳石的尖端，并在其外缘留下方解石沉积物。下一滴形成于同一位置，也流下了一些沉积物，渐渐的边缘沉积物增大而形成了空心管状物。这就是许多钟乳石为中空或部分中空的原因。世界上最长的钟乳石长约6.2米，位于爱尔兰克莱尔郡的波尔安爱奥尼亚洞内。

穴珠

穴珠十分稀少，形成于小水池中，形如圆形的白色砾石。当滴入池中的水释放出二氧化碳，并在一个沙砾或微小岩石碎屑周围成层状沉淀出方解石的时候，就形成了穴珠。水的流动将正在生长的珠体来回滚动，最终形成了完美、光滑的球体。小圆粒会一直聚集越来越多层的方解石，直至数千年以后它变得很沉以至于不能被流水所移动而固定下来。有时，这些穴珠在山洞的池中会组成壮观的“巢”（如图所示）。

落水洞▶

当酸雨生成的石灰岩洞接近于地表时，洞顶可能会变得很薄，以至于会突然坍塌，从而形成一个落水洞。虽然地面上的一切可能看起来都很结实，但条件的变化，如城市的发展，或一场暴风雨，都可能引发这类坍塌。这个大型的落水洞，已经在干旱且没有树木的澳大利亚西部的纳勒博平原显露出来。

由近地表巨洞的塌陷而形成的落水洞

化石

几乎所有的沉积岩都含有化石，它是被保存下来的存活于数百万年以前岩石形成时的动植物残骸。化石可能是地质学家研究岩石形成历史的最有用的线索。大多数化石是贝类，如曾生活在浅海的菊石化石。许多化石代表了某个特殊地质时代的特征，可有助于精确地确定其所在岩石的形成时期。

化石的形成

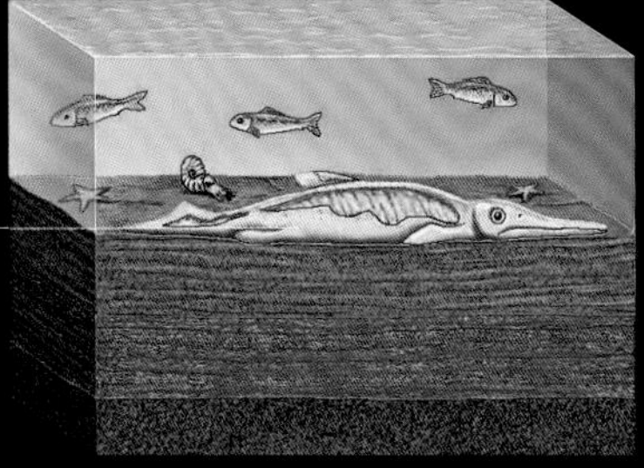

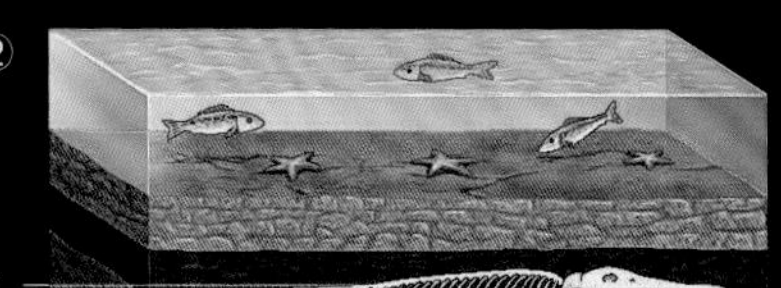
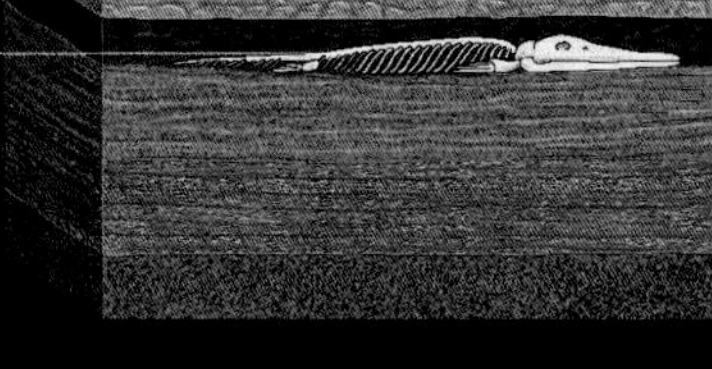

◀一只鱼龙的化石化作用

化石的形成要经历许多过程，但在一般情况下只有动物坚硬的部分（如骨骼或外壳）能够被保存下来。柔软的部分通常在形成化石之前就已经腐烂。图中的这个过程展现“鱼龙”这种古海洋爬行动物，在海底泥中形成化石所可能经历的过程。

▲遗迹化石

遗迹化石不是动物残骸的化石，而是保存下来的由动物留下的痕迹，如巢或脚印。这个保存完整的脚印（如图中所示）展示的是具有三个脚趾的兽脚亚目恐龙的足迹，它是在1亿7000多万年前当这种恐龙踏过泥滩时所形成的。

▲鱼龙

在19世纪的英国，一些最重要的化石是由一个名为玛丽·安宁的化石收集者所发现。在十几年间，她沿多塞特海岸线发现了属于侏罗纪时期海洋爬行动物完整的鱼龙和蛇颈龙的骨骼化石。类似海豚的鱼龙是一种高度分化的海洋生物，其身长2米，游速可达40千米/时。

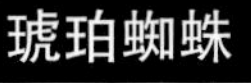

▲古老的贝类

菊石是与现代乌贼和鱿鱼有亲缘关系的已灭绝的贝类。从大约1亿6000万年左右直至6500万年前的白垩纪末期，这些生物都生存在地球上。它们分布十分广泛，种类很多且一直进化迅速，以至对于地质学家来说，它们已成为一种可确切指示出岩石形成时间的关键性依据。

▲蕨类植物化石

蕨类植物化石的发现，对于“全球性气候灾难致使恐龙灭绝”的推断，是一项关键性证据。这些化石可追溯到灭绝事件之后的短暂时期，它们显示了巨大密度的蕨类植物。蕨类植物通常是在经历火山爆发或其他地质灾害后的第一类重生植物。

琥珀蜘蛛

琥珀是变成化石的树脂（黏性树液），这种树脂产于一些松树类植物。自史前以来，它那足具吸引力的黄色外观使其被作为珠宝及宗教物品来使用。昆虫十分脆弱以至于很少能够以化石形式保存下来。尽管如此，它们可以在琥珀（连同苔藓、小蜥蜴和青蛙）中保存数百万年。未凝结的黏稠树脂滴落于昆虫上时便将其捕获，有时就连昆虫翅膀上的翅脉也能被保存下来。由于琥珀长时期保存了柔软的组织，因此对于古老DNA（脱氧核糖核酸）的研究非常有用。而在大多数成为化石的骨骼中，全部的有机物质都被矿物质所取代。

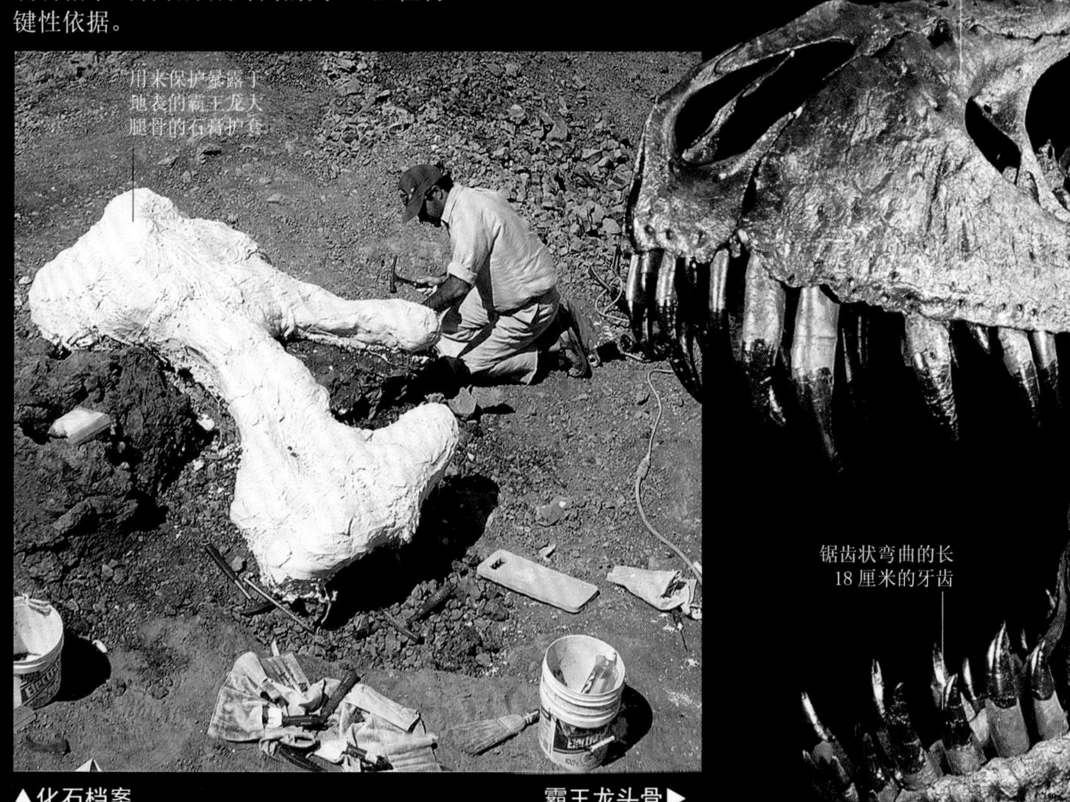

▲化石档案

像8000万年前的霸王龙大腿骨这样重要化石的发现，是件令人兴奋的大事。在告知人们一些与恐龙相关信息的同时，也帮助人们构建了一个关于生命如何随时间进化的化石档案。从近乎荒漠到严寒的冰河时代，化石也能够揭示出地球大陆的移动以及地球气候的变化。以及造成物种灭绝的重大灾害的存在，如在6500万年前的恐龙灭绝。

霸王龙头骨▶

恐龙化石十分珍稀，但它们在发掘时通常十分壮观，如在美国中西部巴德兰兹和亚洲的戈壁荒漠等地所发现的恐龙化石。到目前为止，已经发现了1000多种恐龙的化石，其范围从极小的两足行走者，到巨大且外形笨重的四足行走的素食者。化石中很少有完整的头骨，所以完整霸王龙头骨化石的发现是一个重大事件，如图所示的是在美国南达科他州黑山所发现的恐龙头骨。霸王龙是第二大的肉食性恐龙，它的高度超过一幢房屋，且体重超过一头大象。

白垩岩层由微小的海洋生物的碎壳构建而成。

由生物形成的岩石

世界上一些最坚硬的石头是由生命物质残留物所构成的，其中包括多种石灰岩。有两种有机沉积岩，即生物碎屑岩和生物成因岩。生物碎屑岩由破碎的植物和海洋生物的残余物构成，如石灰岩。而生物成因岩则由完整的生命物质的残留物构成，如珊瑚。有时被掩埋的生命有机体的残余物，在经过数百万年的转化后会成为化石燃料，如煤、石油和天然气。

◀多佛的白崖

图中出露于英国多佛的白崖的白垩，是一种松软的白色岩石，几乎由纯的方解石（碳酸钙）组成。它在约1亿年前的白垩纪形成于海底，也就是恐龙在地球上漫步的时期。微小的藻类生长成球石（显微的方解石板片）。当藻类死后，这些板片随同名为有孔虫的微小动物的贝壳一起落在海底。这些物质最终转变为白垩。

▲含有化石的石灰岩

大多数石灰岩，是有机物生成的方解石和以化学方法形成的方解石的混合物。但少数石灰岩（如含有化石的石灰岩）几乎全部由化石组成，像这个来自英国什罗普郡温洛克的4.1亿年前的志留纪石灰岩就是如此。它富含海洋生物化石，如三叶虫（现已灭绝的甲壳虫般的生物）和腕足类动物（一种通过茎附着于海底的贝类）。

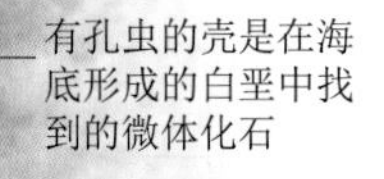

有孔虫的壳是在海底形成的白垩中找到的微体化石

▲白垩中变成化石的有机体

构成白垩的球石（海藻片）和海洋生物（如图所示的有孔虫）的残余物十分细小，以至于使这种岩石看起来呈白色粉末状。但是在高倍显微镜下，便可以看到有机体。与大多数原生动物（单细胞有机体）不同，有孔虫有壳，图中所示的便是连同海藻沉淀的方解石板片一起沉降于海底的有孔虫的壳，它们以方解石的形式保存于白垩中。

珊瑚礁

珊瑚由海底动物的外部骨骼而形成

礁石（珊瑚）和石灰岩，都是完全来源于生活在珊瑚礁上的生物的石化残余物，其中包括数百万年前的珊瑚本身。有时，古老礁石的形状能够保存在岩层中，这种岩层会形成一种名为礁丘的小山丘。最著名的珊瑚礁是澳大利亚东海岸的大堡礁。

煤的故事

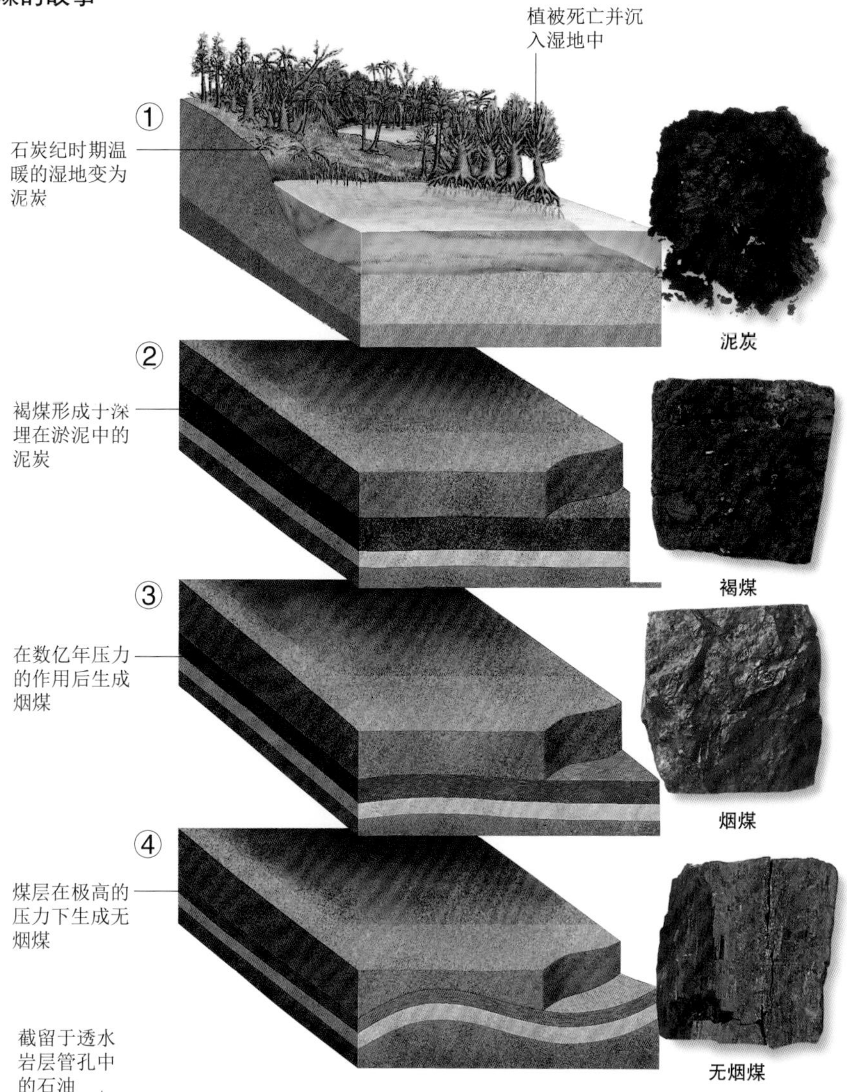

植被死亡并沉入湿地中

① 石炭纪时期温暖的湿地变为泥炭

泥炭

② 褐煤形成于深埋在淤泥中的泥炭

褐煤

③ 在数亿年压力的作用后生成烟煤

烟煤

④ 煤层在极高的压力下生成无烟煤

无烟煤

◀来源于死亡植物的煤

煤由生长在数百万年前湿地中的植物所形成。随着时间的流逝，这些死亡植物层因其上层淤泥的重量挤压而干燥，并逐渐变成浓缩的碳。位于顶部的是松软的棕色泥炭（含60%的碳）。越往下层则越被压紧，先是深棕色的褐煤（含有73%的碳），然后是亮黑的烟煤（含有83%的碳）。无烟煤（几乎含有100%的碳）仅形成于极大的压力下。

▲煤的开采

最好的煤（烟煤和无烟煤）通常发现于地下深部的被称为煤层的狭窄地层中。为了获得这些煤，工程师们挖掘了很深的竖井直达煤层，然后矿工沿着竖井挖掘隧道以便从裸露面来采掘煤。上图中这个采煤工作面位于美国弗吉尼亚州的布莱克斯维尔，在地下深240米处。过去的人们主要使用凿和铲来手工挖煤。如今，大多数现代化煤矿都使用遥控切割机，如上图中所示的长臂滚齿刨煤机。

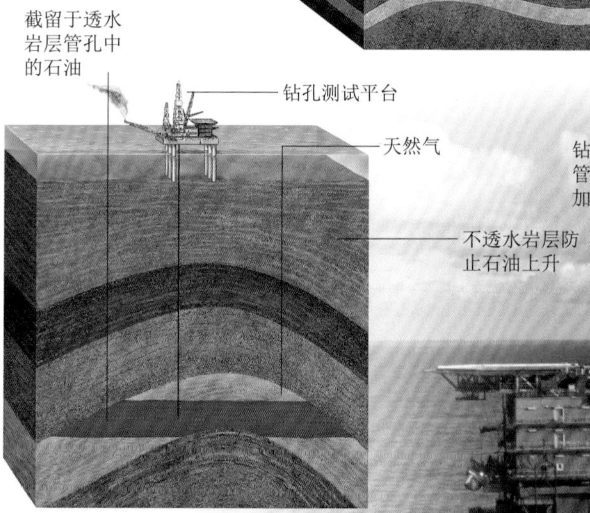

截留于透水岩层管孔中的石油

钻孔测试平台

天然气

不透水岩层防止石油上升

▲石油圈闭

大多数石油由生活在数百万年前海洋中的微生物形成。当它们的残余物被掩埋于海底淤泥中时，细菌将其转化为油母岩质（一种蜡质的焦油状物质）。经过时间流逝、热量和压力，使深埋于地表以下的油母岩质转化为石油和天然气。大多数这种石油截留于多孔岩石（可储存液体的岩石）构成的岩层中，它位于不透水岩石（不能允许液体渗过的岩石）层的下方。

钻探塔控制着钻管，它随钻探的加深而延长

过量气体燃烧装置

◀石油钻探

当在海底发现石油时，会将一个名为钻架的钻探塔建于抽油装置上。一些抽油装置是漂浮的平台，而另一些则用锚固定于海底，如这个在北海上的抽油装置。抽油装置的选择要依据海底的情况、水的深度以及日常的天气条件。通常一个单独的抽油装置将钻头按一定的角度送入储油层，从而可以挖掘出很多口油井。

太空岩石

地球的地质概况并不是独一无二的。它是环绕太阳运行的四个岩石行星之一，其余还包括水星、金星和火星。此外，月球也属于岩石质。地球被陨石（太空岩石）频繁地撞击，其中一些陨石类型被称为球粒陨石，从形成这种陨石的太阳系最初时期到现在，可以看出它们已经发生了一些变化。地球化学家认为，他们观察过一种特殊的球粒陨石，被称为碳质球粒陨石。

▲在地球大气层中的流星

大多数陨石是来源于小行星（大型的太空岩石）的碎片。在太空中这些碎片名为流星体，当它们进入地球大气层时就变成了流星。大多数流星十分微小，在进入大气层时就已经燃烧殆尽，从而形成发出白色光芒的滑行轨迹，被称为流星。当地球穿过彗星（一个覆盖着冰的块体，当其接近太阳时释放出大量的云雾状气体和尘埃）尾部的时候，就可以在夜空中看到如图中所示的流星雨（流星）。流星偶尔会因为太大，而未被完全燃烧的部分坠落到地球表面，这些坠落物则被称为陨石。

▲地球上的火星陨石

地球上所发现的陨石中有24颗最初来源于火星，它们是人类仅有的来自其他星球的岩石样品。这是发现于冰雪覆盖的南极荒漠中的陨石，当美国国家航天局的科学家们在其中发现了显微组织时，曾引起了极大的轰动。他们坚信只有活着的有机体才能生成这些组织。未来针对火星的太空探测器，将在这个行星上寻找微生物的迹象。

▲玻璃陨石

玻璃陨石是富含硅的玻璃质岩石的小圆块，通常为盘状或卵状形态。它们具有从浅黄色到黑色的多种颜色。地质学家曾一度认为它们是陨石的碎片，但现在将其推测为由陆地岩石熔化而成的小圆块，它由陆地岩石与巨大陨石碰撞喷出的熔融岩石迅速冷却而形成。

陨石坑▶

月球上存在许多陨石坑，比地球上的更多。地质学家提出，我们之所以无法看到像这里所示的许多撞击坑，是由于持续的地质活动已将它们覆盖。然而，还是有一些能够看到的陨石坑。第一个被确认的撞击坑是位于美国亚利桑那荒漠的陨石坑（如图中所示）。它形成于49 000年以前，由一颗305 000吨的陨石以大约724 000千米/时的速度撞击地球而成。科学家们已经确认，在全世界有超过160个大型撞击遗址。

陨石的种类

铁质陨石

陨石由铁质和石质组成，根据它所含物质的成分，可将其分为三种。铁质或铁镍质的陨石不如石质的陨石更为常见，但是它们却是最早被确认的陨石，这是因为它们的金属外观和重量使其很容易辨认。最大的陨石为铁质陨石。

石质陨石

几乎90％掉落于地球上的陨星都是石质的。它们的来源范围从与太阳系形成年代相近的古老的球状陨石，到从月球和火星掉落的岩石，如图中所示。球状陨石因含陨石球粒而得名，陨石球粒则是指曾一度熔化为小球的辉石和橄榄石。

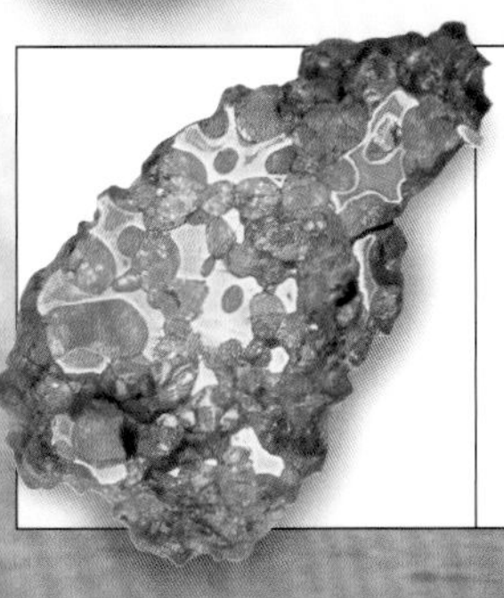

石铁陨石

这些是所有陨石中最少见的一种类型，已经发现的这种类型的陨石还不到10吨（9.8吨）。石铁陨石非常多样，但这些岩石具有一个普遍的共同点——它们均含有一半的铁－镍和一半的石头。石铁陨石又被分为橄榄陨石与中铁陨石两个种类。

太空中的火山

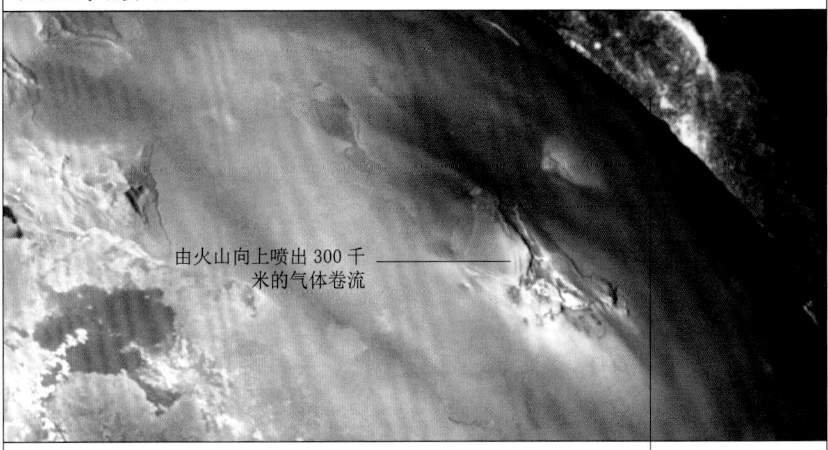

地球不是太阳系中唯一存在火山的星球。火星上有奥林匹斯山，它是太阳系中最高的火山，而且金星有比其他行星更多的火山。但是最特殊的火山活动发现于木星的卫星木卫一上，它很可能不是由来自木卫一内部的热能所引发的火山活动，而是由与其邻近的木星所引发。巨大行星的强烈吸引力，在木卫一上产生了很大的压力，以至于将岩石熔化。当潮涌般的熔岩流从表面爆发出来时，木卫一的某些部分有规律地变亮。其中洛基火山，便具有一个直径为200千米的熔岩池。

当被木星引力施加压力时，木星第一卫星的表面就会产生有规律的脉动

火星岩石▲

我们对火星的了解超过了其他任何行星，并已对这颗星球生命迹象的研究提出了 系列的探索任务。我们知道火星具有与地球十分相似的岩石组成，具有一个铁质的地核，一个半熔融态的地幔和一个坚硬的外壳。无人驾驶的太空行动，揭示了在火星表面曾有水流淌的更多相关证据。如果那里曾存在过水，就可能有生命存在。其表面的俯视照片已显示出，大量的像是由洪水开凿出的山谷的存在。在2004年，美国国家航天局的名为“勇气号”和“机遇号”的火星探测器对火星岩石进行了分析，所显示的迹象表明它们曾浸于水中。

在撞击后落回到坑中的角砾岩（岩石碎屑）

由撞击爆炸溅出的岩石粉所构筑的边缘

1.2千米

矿物种类

为了弄清 4000 多种甚至更多不同种类的矿物，矿物学家们根据矿物的化学成分将其分成类。其中应用最广泛的矿物分类体系是达纳分类体系。这个体系将矿物分为八个基本大类，它最初由耶鲁大学的詹姆士·达纳教授发表于 1848 年。其中最重要的几大类分别为自然元素类、硅酸盐类、氧化物类、硫化物类、硫酸盐类、卤化物类、碳酸盐类和磷酸盐类。达纳的这种分类体系一直沿用至今。

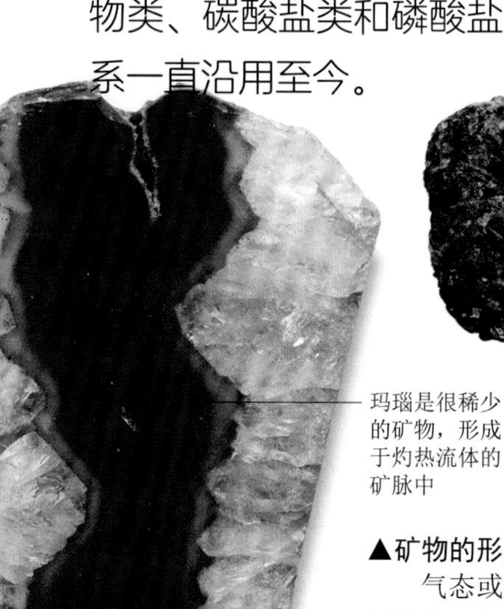

玛瑙是很稀少的矿物，形成于灼热流体的矿脉中

岩石晶体中的玛瑙脉

当片岩中所含矿物在高温高压下改变时所形成的石榴石

片岩中的石榴石

▲矿物的形成

气态或液态形式的元素结晶为固态时就形成了矿物。元素的不同组合形成了不同的矿物。一些矿物是在地球内部灼热熔融态岩石缓慢冷却时所形成，另一些矿物则由溶于液体中的化学物质所形成。现存的矿物能够因地球中的化学物质而改变，或因地质作用（如山脉耸起）的挤压或加热而转化。地壳中的岩石由常见的矿物组成，稀有矿物则趋于在岩石的脉（裂隙）和孔穴（洞）中形成。

蒸发盐▲

在富含矿物的灼热盐水蒸发（干涸）后，所遗留的矿物质就被称为蒸发盐。石盐、石膏和硬石膏都是这样形成的。大多数蒸发盐形成于温泉（由火山活动加热后喷出的水）附近。在土耳其帕穆嘉丽（如上图所示），从富含方解石的温泉中沉淀出来的矿物，已形成了一座由蒸发岩和石灰华组成的白色固体“瀑布”。

矿物种类

自然元素类

大多数矿物是由化学元素的化合物组成的，但有些元素可以单一元素的形式存在，如银（图中所示的是它的一种罕见晶体形式）。这些矿物被称为自然元素，且生成于火成岩或变质岩中。一些自然元素可以不被侵蚀，并最终留于河床上。

硅酸盐类

硅酸盐是硅和氧结合而成的化合物，是最常见的矿物。它在地球上的含量比其他类矿物的总和还要多。石英和长石构成了大多数富含硅酸盐的火成岩，其他硅酸盐还包括云母、辉石和石榴石（如图中所示嵌于主岩中）。

氧化物类

如这里所示的铬铁矿，氧化物是一种金属和氧结合的化合物。它们包括了像铝土矿这样的惰性矿石，以及像红宝石和蓝宝石这样的珍贵宝石。最早的坚硬氧化物形成于地壳深部。较松软的氧化物形成于近地表，由硫化物和硅酸盐分解而成。

硫化物类

硫化物通常是易碎且较重的硫元素与金属元素结合而成的化合物，如图中所示的辉锑矿。它们在地下热水蒸发时结晶而成，其中包括一些重要的金属矿石，如黄铜矿（一种铜矿石）、朱砂（一种汞矿石）和黄铁矿（一种铁矿石）。

硫酸盐类

硫酸盐是一种广泛分布的大型矿物，其硬度通常不高，颜色暗淡且呈半透明状。它们是由金属元素与硫和氧元素结合而成的化合物，包括重晶石和石膏，这里所示的是菊花状石膏。它的晶体“花瓣”自中心点向外呈放射状排列，形如菊花。

晶体形态▶

在所有矿物中，只有部分矿物形成可见的晶体，并且每个矿物都像这个电气石晶体一样，形成了自己独特的晶体形态。电气石是典型的带有晶面条纹的六方长柱状晶体。与其所嵌入的围岩同时形成的晶体很小且十分混杂，以至于它们的特征形态很难被辨认出来。在具有自由生长空间的地方，晶体的形态特征十分清晰。

壮观的晶体▲

大而轮廓分明的晶体十分稀少，且通常生长在富含矿物质的水缓慢冷却的岩石洞穴中，被称为晶洞和矿脉。当矿物集中且晶体有足够的生长空间以形成规则形状时，它们可形成贵重的宝石和壮观的晶体，如这里所示的紫水晶和玛瑙。一个形成缓慢的晶体能够长得很大，但大多数晶体形成较快且体积较小。

卤化物类

卤化物通常是非常松软的矿物，是金属元素与卤族元素（氯、溴、氟、碘）化合而成的矿物。氯化钠（食盐）是其中最被人们所熟知的一种。卤化物很易溶于水，所以它们只能在特殊条件下形成。最常见的是石盐（食盐）和萤石。

碳酸盐类

碳酸盐是金属或半金属元素与碳酸盐（碳和氧的阴离子团）化合而成的矿物。大多数碳酸盐矿物由地表的其他矿物转化而成。如图中所示的“钉头”形方解石（碳酸钙），是石灰岩和大理岩的主要组成矿物。

磷酸盐类

磷酸盐是一种不太常见的较小的矿物族。它们通常是次要矿物，由矿石中的主要矿物经风化破碎后所形成。当它们与其他矿物结合时，经常会有鲜艳的颜色，如绿松石或磷氯铅矿（如图中所示），呈蓝绿色。

准矿物

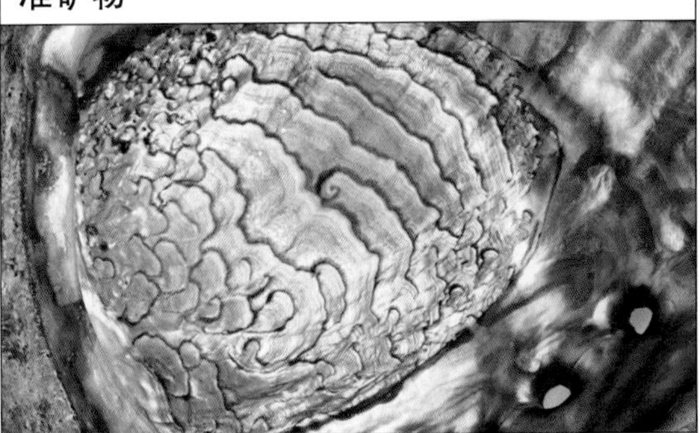

自然生成于地球上且不符合其他矿物基本性质的少数物质被称为准矿物。它们不是任何一种矿物族中的成员，也不能形成晶体。像这样的矿物被称为准矿物。其中一些是玻璃质的，如蛋白石和煤精（一种很致密的煤）。另外一些则归属于生物成因，如由松树脂形成的琥珀和形成于某种贝类贝壳中的珍珠母（如图中所示）。

物理性质

虽然每种矿物都有一种独特的化合物特征——也就是全部有助于地质学家鉴定其矿物种属的物理性质，但仍可以根据它们的晶形（晶体形态）、晶系（晶体形态的对称性）、化学组成、解理（晶体裂开方式）、比重（相对于水的密度）和硬度（被刻划的容易程度）来将其归纳为各种矿物族。

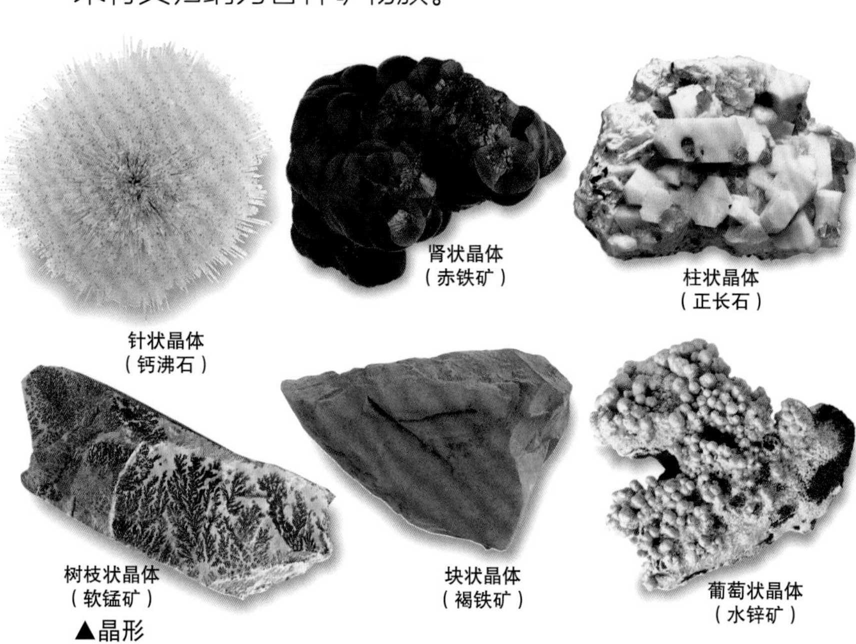

针状晶体（钙沸石）

肾状晶体（赤铁矿）

柱状晶体（正长石）

树枝状晶体（软锰矿）

块状晶体（褐铁矿）

葡萄状晶体（水锌矿）

▲晶形

晶形描述的是矿物生长时所形成的晶体形态。虽然大多数矿物不止有一种晶形，但有时只有少数矿物才具有那些十分特殊且常见的晶形。如上图所示的例子只是许多形态各异的晶形中的一小部分。针状晶体所形成的结晶体为针状；肾状晶体的形状如肾脏；柱状晶体为对称（一边与另一边呈镜像）晶体；枝状晶体为植物的形态，葡萄状晶体看起来像一串串葡萄。大块的晶形没有明显的晶体形态。

化学性质

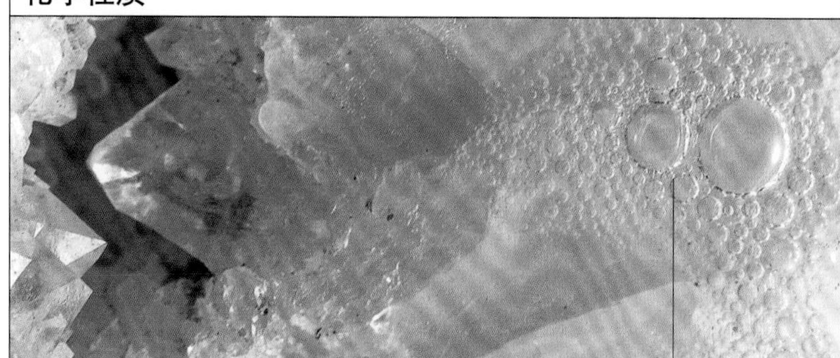

弱盐酸中冒着气泡正在溶解的方解石

每种矿物都是一种具有其独特化学性质的化学物质。矿物学家们可以通过将一种矿物置于另一种物质中来鉴定它的化学性质，如放入酸或水中观察它是否溶解。虽然大多数矿物不溶于纯水（硼砂和石盐例外），但许多矿物溶于酸，特别是热酸。例如，方解石溶于弱盐酸，这一性质有助于将其从表面看起来相似却又不溶于这种酸的石英中区别出来。

晶体系统

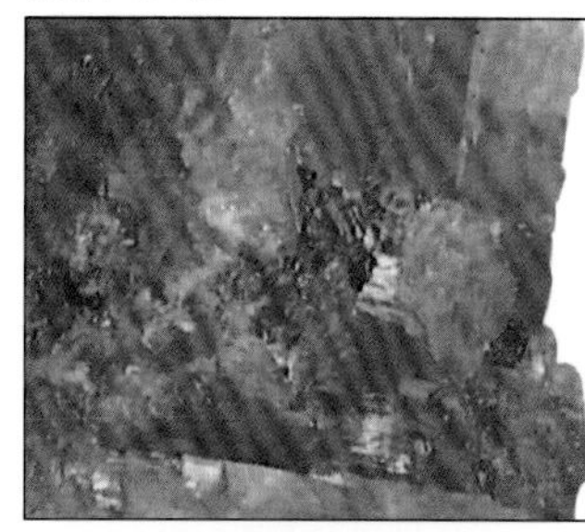

等轴晶系

根据晶面（平整表面）的对称排列，可将矿物分为六个晶系。等轴晶系的矿物具有最高的晶体对称，这类矿物包括石盐（如图所示）、方铅矿和自然银。

四方晶系

四方晶系是最不常见的一种晶系，来自典型的延伸的四方柱（一组类似的晶面），如右图所示。属于此晶系的矿物包括黄铜矿、金红石、白钨矿、锆石和符山石（如左图所示）。

单斜晶系

几乎三分之一的矿物都属于单斜晶系，它是最常见的对称形。单斜晶系只有一组晶面对称（如右图所示）。单斜矿物包括水锰矿（如左图所示）、云母、石膏和透石膏。

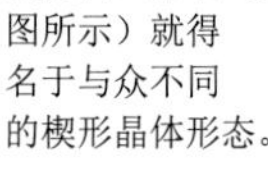

三斜晶系

对称晶面最少的晶体发现于三斜晶系中，它们也是最珍贵矿物。三斜晶系的矿物包括钙长石、蛇纹石、绿松石、高岭石和蓝晶石。斧石（如左图所示）就得名于与众不同的楔形晶体形态。

斜方晶系

这些晶体十分常见，它们短而粗且通常呈棱柱状或火柴盒形（如右图所示）。斜方晶系的矿物包括文石、硫黄、橄榄石、黄玉、贵橄榄石、天青石、水砷锌矿、白铅矿和重晶石（如左图所示）。

六方晶系／三方晶系

之所以将这两个晶系放在一组，是由于它们具有相似的对称形。在棱柱部分（如右图所示），六方晶系的晶体具有六个晶面，而三方晶系的晶体则具有三个晶面。石英、宝石级绿柱石（属六方晶系，如左图所示）和电气石都属于这个晶系。

▲解理

沿矿物结合力较弱的方向破裂成光滑平面的性质称为解理。许多矿物能够根据解理进行鉴别。如这里所示的白云母，沿一个方向完全裂开，形成了平滑的薄片。萤石沿四个方向裂开，形成菱形的碎片。

▲贝壳状断口

不是所有的矿物都沿平滑解理面完全裂开，一些矿物会表现出特殊性质的破裂。大约有12种常见的断口类型，其中最被人们熟知的是贝壳状断口，矿物在这种断口处开裂成弧形的小薄层。蛋白石（如图所示）、燧石和黑曜石都以这种方式裂开。

▲参差状断口

用锤子敲击矿物并将其破碎，有时便会留下粗糙、不平整的表面。毒砂、黄铁矿、石英、高岭石、硬石膏和夕线石（如图所示）的断口都呈参差状。如果破碎面具有锐利的边缘，则被地质学家们称为锯齿状断口。

比重▶

矿物的密度十分多样。富含铅的方铅矿有很高的密度，比同样体积的石膏要重。通过测量比重可以对矿物密度进行比较。密度是鉴定矿物的一个重要线索。一种矿物的比重是它的重量与相同体积水的重量的比值。方铅矿比重为7.5，这就意味着一堆方铅矿的重量是同体积水的7.5倍。石英是较轻矿物中的一种，比重仅为2.65。

摩氏硬度计▶

硬度是矿物抵御外力刻划的能力，可用由德国矿物学家弗雷德里希·摩斯于1822年发明的一套标准来衡量。他选取了10个标准矿物，使所有矿物都可与其比较。矿物在摩氏硬度计中的位置依据其是否能够刻划标准矿物，或是否能被标准矿物所刻划来确定。

1 滑石　2 石膏　3 方解石　4 萤石　5 磷灰石　6 正长石　7 石英　8 黄玉　9 刚玉　10 金刚石

滑石粉▶

在摩氏硬度计中最软的矿物是滑石，每种矿物都能够刻动它。自古以来，滑石的松软使其成为一种被普遍用于雕刻的矿物。中国人、巴比伦人、埃及人和北美印第安人都用滑石来雕刻装饰品。

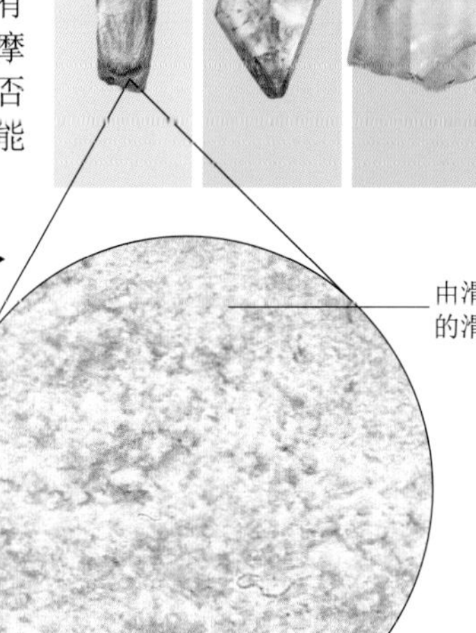

金刚石微粒▶

摩氏硬度计中最硬的矿物是金刚石，它十分坚硬，以至于可以刻划其他任何矿物，但不能被其他矿物刻划。金刚石不仅是具有很高价值的宝石，还是切割工具和钻头所需的材料。

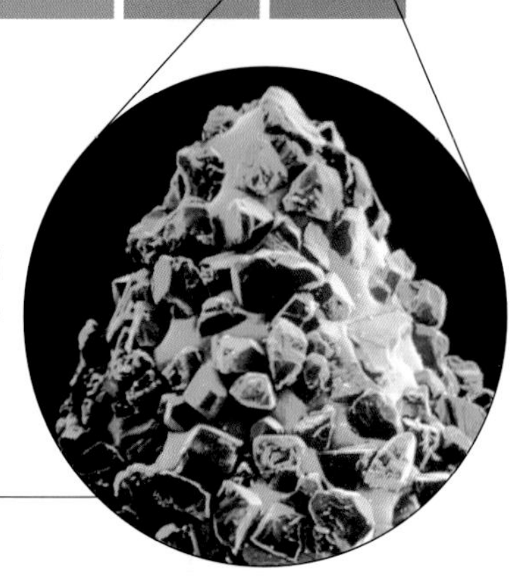

光学性质

矿物鉴定的最初线索通常是其外观的性质。矿物以不同的路线，使光线反射和透过。例如，当一些矿物几乎能将光全部反射时，许多矿物却仅能出现短暂的闪光和闪耀。一些矿物看上去有油脂感，就像在其外部涂了一层黄油。一些矿物则具有特殊的颜色。诸如此类的性质均被称为光学性质，颜色、光泽和透明度是最显而易见的性质，但还有另外一些需要检测才能得出结论的性质，如荧光和折射率。

嵌于暗淡的褐铁矿中的闪耀的蓝铜矿

光泽▶

光泽是指矿物表面反射光的性状。矿物表面可能如玻璃般光芒四射，也可能如泥土般暗淡无光。这里的亮蓝色蓝铜矿，之所以可被立即从其所嵌入的褐色的褐铁矿中分辨出来，并不仅仅是依据颜色来判别，还要依据其特殊的玻璃光泽来进行鉴别。除此以外，一些矿物也可以通过来自矿物内部的反射光来进行区分。例如，当光射入蛋白石时，它的化学结构使其显现出彩虹般闪亮的色泽。

微小的孔雀石晶体形成了一层外壳

◀颜色

矿物的颜色来源于它们的化学成分和结构。一些矿物由其组成中的主要化学元素致色，并且总显现出相同的颜色，如赤铜矿（一种铜和氧的化合物，如图所示）。像这样的矿物被称为自色矿物。另一些矿物，可任意变化出多种颜色，它们由杂质致色而被称为他色矿物，如石英。石英的多种颜色就是由微量元素所致。蔷薇石英为粉色，由钛致色；绿玉髓为绿色，由镍致色。

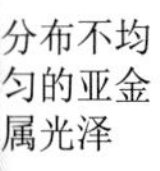

分布不均匀的亚金属光泽

不同的颜色

黄水晶

黄色、橙色或褐色的黄水晶属于品类繁多的石英，是一种他色矿物。它的颜色由极微量的铁所致。浅黄色黄水晶的价格很高，并且根据拉丁语“citrus”（意为柠檬）而得名。加热会使其变白。

紫水晶

像黄水晶一样，紫水晶属于品类繁多的石英中的一种，其颜色由微量铁所致。尽管如此，由于紫水晶形成于低温条件下，所以呈现为紫色。如果将其加热，会变为黄色，当在X射线照射后，则又会恢复成紫色。质量最好的紫水晶产于晶洞（岩石洞）中。

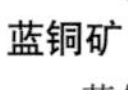

蓝铜矿

蓝铜矿是一种有色矿物，具有明亮的蓝色。它是最常见的蓝色矿物，它的名字来源于法语中的“azure”一词，意为“蓝色天空”。它是由铜、碳酸盐和氢组成的化合物。画家们将其磨碎并制成鲜艳的蓝色颜料，其效果几乎与天青石一样鲜艳。

条纹试验

一个矿物的条纹，是其在白色无釉瓷板上刻划时留下的标记。一些矿物的条纹与其自身的颜色一致，如雌黄（上图所示）；而另一些矿物的条纹则与其自身颜色不同。矿物的条纹可有助于对其进行鉴别。赤铁矿（上图所示）和铬铁矿看起来都呈黑色，但铬铁矿的条纹为黑色，而赤铁矿的条纹为褐红色。如萤石这类矿物，虽呈现出多种颜色，但其条纹为同一种颜色——白色。

光泽的种类

玻璃光泽

玻璃光泽的英文为"vitreous"，来源于拉丁语中的"jelly"，用来形容眼睛的质感。矿物学家们用它表示玻璃般明亮的光泽。大多数透明及半透明的宝石都以玻璃光泽为特征，包括红宝石（如图中所示）、托帕石（黄玉）、祖母绿、碧玺（电气石）、海蓝宝石、蓝宝石和萤石。

金属光泽

金属光泽是一种高度明亮的全反射，在金属及其矿石的新切割面上十分典型。所有自然金属在其新的破裂面或抛光面上都具有这种光泽。这种现象出现在许多矿石中，如方铅矿、黄铜矿、黄铁矿和磁铁矿。石墨（如图所示）虽不是金属，但带有暗色的金属光泽。

半金属光泽

一些金属具有亚金属光泽。这是一种不均匀的来自矿物表面的半金属状反射光，由矿物中的微量金属所致。它通常出现在看起来很暗的几乎不透明的结晶体上，如铬铁矿、赤铜矿、金红石、闪锌矿和纤铁矿（如图所示）。

油脂光泽

带有油脂光泽的矿物具有油腻状的外观。虽然它们很亮，但其反射光并不同于玻璃。这种光泽通常存在于带有少量显微矿物杂质的矿物中。石盐（如图所示）、石英和磷灰石都具有油脂状外观。

丝绢光泽

带有丝绢光泽的矿物倾向于具有细腻的纤维结构，这些纤维结构使其具有柔和的丝般光亮。纤维状的石棉矿物，如蛇纹质的温石棉和钠闪石质的青石棉都具有丝绢光泽。而石膏（如图所示）、银星石、透闪石和纤维化方解石也具有此类光泽。

蓝铜矿晶体具有玻璃光泽

蛍石在紫外光照射下发出亮蓝色的荧光

◀荧光

当一些矿物置于紫外线下时，它们所发出光的颜色与其平时在日光照射下的颜色不同。这种发光现象被称为荧光，这种称呼来自矿物萤石（如图中所示），因为萤石虽然具有多种颜色但其荧光仅为蓝色或绿色。萤石能发出荧光，被认为是由于含有微量的铀或稀土元素（一组化学性质相近的金属）所致。有时荧光是由矿物中微小的杂质所致，例如，微量的锰元素会使方解石呈鲜红色荧光。

不透明矿物：金

半透明矿物：海蓝宝石

▲透明度

少数矿物几乎可以像玻璃一样透明，如纯净的石英和蓝宝石。尽管如此，微小的杂质可以使它们显得不那么透明。一些矿物由于是半透明的，透过它所看到的东西会显得模糊，如月光石。地质学家将那些非完全透明但又可以透过一些光线的矿物描述为半透明矿物，如绿玉髓。完全将光阻隔的矿物被称为不透明矿物，如孔雀石。所有金属都是不透明矿物。

折射▶

一些矿物十分清澈且透明，但会使透过它们的光线发生偏折，这种现象称为光的折射。例如，透过方解石看物体会有因折射而产生的重影。由这条黑线反射的光线被分成两束，从而形成两个映象。

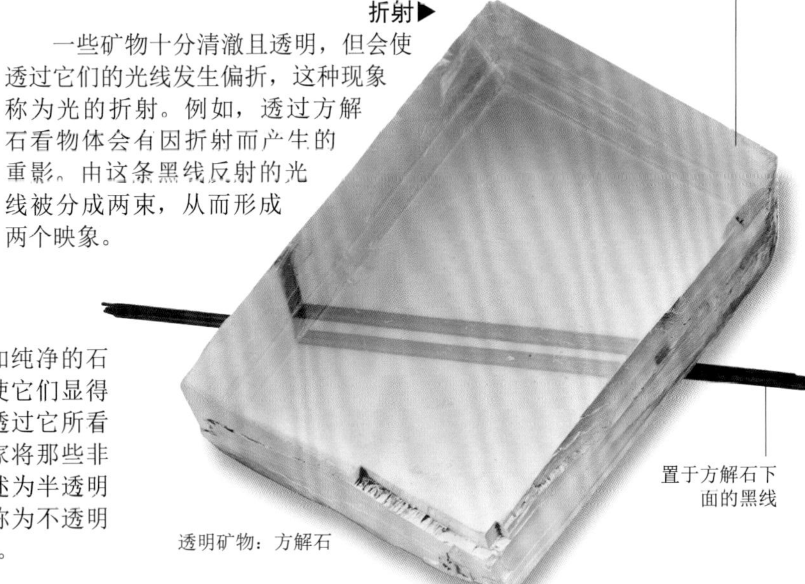

方解石将光线扭曲

置于方解石下面的黑线

透明矿物：方解石

自然元素类

大多数矿物都是化合物，也就是说它们都由几种化学元素结合而成。但一些矿物能够在自然的环境中仅由单一元素生成，这就是所谓的自然元素。它们通常是金属矿物，但也包括半金属矿物，如自然铋、自然锑和砷，以及一些非金属矿物，如自然硫和碳（以石墨和金刚石的形式存在）。非金属自然元素通常分布于火山体中，如地下矿脉和含硫的温泉中。自然硫和石墨较常见，但铋、锑和砷作为自然元素出现比较稀少，而金刚石就更为罕见。

▲自然硫的两种晶形

短粗的斜方晶系晶体是自然硫的最常见形态，尽管如此，它偶尔也以单斜晶系晶体的形态出现。单斜晶系的自然硫也可以具有与普通自然硫一样的明黄色（它通常为橙色），但其晶体形态呈现为长针状。

▲硫矿开采

可以根据其亮黄色的外观来辨认自然硫，它通常发现于火山温泉和名为火山喷气孔的冒烟的火山烟囱的周边。在这幅图中，一个矿工正从印尼爪哇岛东部的艾吉火山的火山口中挖掘硫。在这种类型的硫矿中，人们能够从火山口的周围采集到大块的已冷却的硫，并用篮子将它们运走。尽管如此，世界上大多数的硫还是由地下矿床中采集的，如那些发现于墨西哥海湾之下的硫，就是应用弗赖什采矿法在滚烫的水中采集到的。其原理是往矿床中注入高压使硫熔化，随后将熔融态的硫抽出地表。当水蒸发后，就会遗留下纯净的硫。

◀硫的处理

虽然能够应用弗赖什采矿法将近乎纯净的硫从地层中抽出，但也可以从化石燃料和矿石中获得硫，如黄铁矿和方铅矿。在这些示例中，这些硫通过加热矿物的方式被分离出来。首先释放出硫化氢气体，随后将这些气体燃烧去除氢元素，最后留下纯净的硫。在大型化学工厂中，大多数商业性萃取的硫都转化为硫酸，如这里所示的位于英国的一个化学工厂。硫酸有许多工业用途，它用于制造化肥、染料、纸张和玻璃纸。

▲石墨

石墨和金刚石都由碳构成，但是两者截然不同。石墨是深灰色的不透明矿物，并且是最软的矿物之一。它很软，所以被用作铅笔的铅芯。最近，科学家们生产了一种被称为石墨烯的人造石墨，这种材料有可能会替代硅，作为超快速电脑芯片在未来得到应用。大多数石墨通过有机矿物的变质作用形成于变质岩（通常是大理石）中，如化石。

▲金刚石

金刚石是世界上最硬的天然物质，是由纯碳在惊人的高温高压下转变而成透明、坚硬的矿物。大多数今天所发现的金刚石都形成于数十亿年前。它们形成于地下深层，且由熔融态的金伯利岩岩浆穿过火山筒携带至地表。由于它们很坚硬，所以才能留存下来。在自然界中，像这样巨大的压力极为罕见。

石墨和金刚石的化学结构

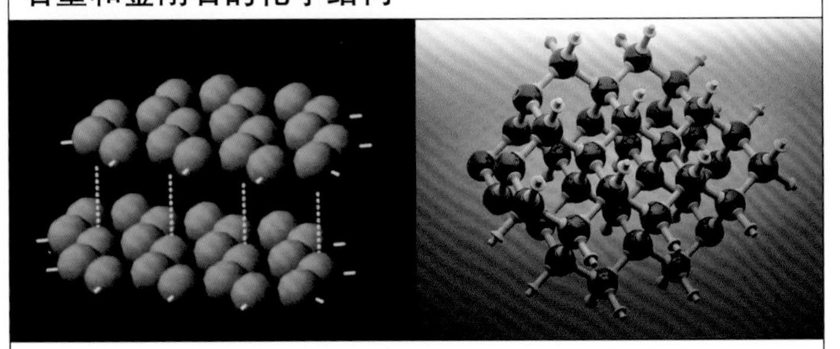

纯碳可生成四种形式：石墨、金刚石、煤烟（可燃烧的有机物）和十分罕见的富勒烯。在石墨中，原子形成二维的薄片状结构（如左图所示）。由于石墨的层间结合键较弱，所以很软。在金刚石中，原子结合键很强，形成三维框架（如右图所示）。这就是金刚石坚硬的原因。

▲锑

虽然锑的银灰色外观很像金属，但由于它的化学性状有时表现为金属，有时又表现为非金属，所以锑被称为半金属。锑通常形成于火山脉中，是很稀少的自然元素。锑主要来源于一种硫化物矿物——辉锑矿。古埃及将它用作眼线笔，中世纪的画家则用它来绘画。

▲铋

作为自然元素产出的铋在自然界中十分稀少，大部分产于火山脉中。像锑一样，铋也是一种半金属元素，且像水一样在冷凝时会膨胀。这种性质使铋常用于金属焊接，因为它在冷却膨胀时可以填充任何缺口。铋通常由辉铋矿和铋华的矿石中提炼。

▲砷

虽然有时纯砷会形成如这里所示的葡萄状矿物集合体，但在通常情况下，砷发现于如毒砂、雌黄和雄黄几种化合物中。纯砷是有毒的，它可以与其他矿物相结合制成很多东西，从电子晶体管到木材防腐剂都可以用它来制造。

金属元素类

少数化学性质稳定的金属包括金、银、铂和铜，它们能够以单质金属元素的形式存在。这些金属的矿块或薄片可直接从岩石中获得，但在地壳中很罕见。地壳中的大部分金属都存在于与其他元素化合成的矿石中，但金很特殊，它主要以自然元素的形式存在。金属元素在地壳中十分珍贵，但在地核中却很寻常。例如，由于铁很重，因而地球中大部分的铁在地球形成早期就已沉入地核中。

石英中的金

▲金

金是最稳定的金属，它几乎可以永远保持不被腐蚀（不被化学反应所破坏）且光芒四射。因为它能够在地层中以单质形式存在，在岩石的裂隙中和表面上闪闪发光，所以是最早被使用的金属之一。金足够软，所以很容易打造成各种形状。世界上许多最漂亮的古老人工制品都由金制成，它们已经保存了很久，并且不会因时间的流逝而沾染瑕疵。

银▶

银在古埃及曾被称为“白金”，并且价格一度高于金。在5000年前，它最早应用于土耳其的安纳托利亚。银抛光后，是一种美丽闪耀的白色金属，但是在空气中会很快失去光泽，覆上一层黑色的硫化银外层，这种外层使其在地层中很难被发现。与金一样，银形成于火山脉中，通常与方铅矿（铅矿石）、锌和铜相伴。与金和铂金不同的是，银很少形成块体。如今，由于银的导电性和化学稳定性很好，甚至超过铜，所以主要用于制造餐具和电子元件。

银矿石

失去光泽的银

绕在卷筒上的铜电线

◀铜

铜与众不同的、略带红色调的颜色，使其成为最易立即辨认的金属。铜很软，通常以自然铜的形式存在。由于很容易寻找和提炼，使铜成为人们最早学会使用的金属之一。如今，大多数铜是由黄铜矿冶炼而成。像银一样，铜通常发育在树状晶体的分支部分，并且在暴露于空气中时会很快失去光泽。尽管如此，铜上的锈色为亮绿色，而不是黑色，所以铜的沉积物通常在岩石表面显现出亮绿色的斑迹，这种斑迹被称为铜华。

氧化（暴露于空气中）形成的绿色的铜华

▲铂

铂是一种银色的金属，比金还要稀少，所以价值也较高。在南美洲，人们对其认知的历史已有2000多年。“铂”得名于西班牙语的“plata”一词，用来形容一种银白色的最软且最重的金属。纯铂颗粒过去常同金一起发现于河流的沉积物中。现在，大多数铂开采于硫化物矿石中，主要发现于美国的蒙大拿州和俄罗斯的乌拉尔山脉。它主要用于制作珠宝和清洁汽车尾气的催化式排气净化器。

汞

▲汞

汞很少以自然元素的形式被发现，它是唯一的一种在常温下为液态的金属。它通常发现于含汞元素的矿石中，如主要形成于火山口和温泉周围的朱砂。汞会随温度升高而膨胀，因用于温度计（用于测量温度的装置）中，而被人们所熟知。

▲镍铁

镍的储量比一些主要金属元素要小，它与铁形成了名为镍铁的天然合金，这种合金通常发现于地表的陨石中。古埃及称其为“天铁”，并用来作为制作法老木乃伊的祭祀工具。如今，镍主要用于与铁制成铁镍合金、与其他金属制成不锈钢，以及与银制成硬币。镍和铁主要产于矿石中，从镍黄铁矿中提炼镍，从赤铁矿和磁铁矿中提炼铁。

▲铅

铅是深色柔软的金属。它的柔软使其很容易使用和造型，因此古罗马曾用它来制作水管。铅很重，是一种密度最大的金属，很少能找到以自然元素形式存在的铅。铅多以与其他元素形成的化合物的形式存在，如在方铅矿、铅矾和白铅矿中。事实上，即使是铅管也不是用纯铅制成的。由于这种金属太软，所以通常将其与其他金属制成合金。

金

金是一种自然元素，由于它的亮黄色和抗腐蚀性及稀有性，而具有很高的价格。金的沉积物以两种典型方式形成。大部分金形成于岩石的热液矿脉中，它与石英和其他矿物（如银和硫化物）在矿脉中出现伴生现象，世界上大部分的金都采自这样的矿脉中。此外，金也发现于河床的沉积物中，这里是风化岩石中金颗粒的聚集处。

◀图坦卡蒙的随葬面具

图坦卡蒙是古埃及的一位年轻国王，他生活在公元前 14 世纪，这个令世人震惊的随葬金面具就戴在图坦卡蒙的木乃伊面部。对于古埃及人来说，金象征着永恒的生命，所以古埃及人在他们的法老墓中装满了金器，供其死后的灵魂使用。

眉毛和睫毛由青金石制成

金箔制成的面具

珍贵的大块自然金

自然金块▲

金通常发现于河流支流中，以微小的晶粒覆盖于石英表面，或以小颗粒的形成存在，大块自然金十分稀少。有史以来所发现的最大块的自然金，是于 1869 年在澳大利亚的蒙利亚高发现的名为“WelcomeStranger Nugget”（欢迎陌生人）的著名金块，它重达 71 千克。

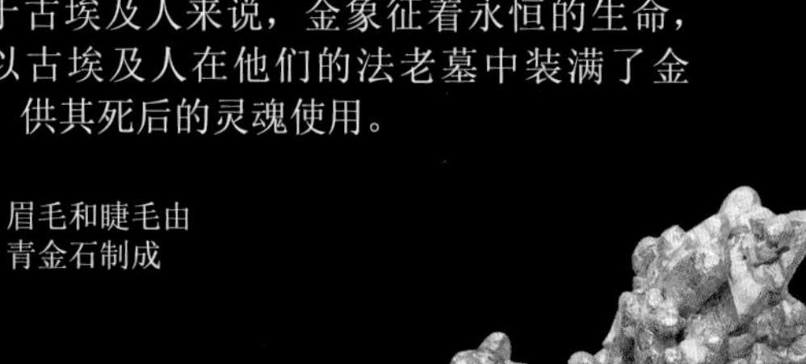

珍贵的立方晶体

◀金的晶体

金的晶体结构是典型的立方体结构，但与其他很多矿物不同的是，金很少形成晶体。当它形成晶体时，不是被扭曲，就是很微小。自古以来发现的标本通常都是熔化后使用的，因此如图中所示的生长成这样的晶体属于珍品，它的价值远高于它作为按重量计算的金时的价值。

金的用途

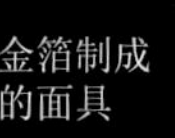

钱币

金在国家经济中一直扮演主要的角色，许多最早的硬币都是用金制造的。但是金很稀少、昂贵且比重大。如今，金的主要货币用途，是做成用于代表国家金储量的金条。金储量最大的国家是美国，其次是德国。

牙

金是高抗腐蚀的矿物，在 2700 年前，古老意大利的伊特鲁里亚人就用金丝来保护假牙。从那以后，金就开始广泛应用于牙科，用于补牙、盖牙冠甚至镶牙。它通常与钯、银、锌或铜制成合金，以增强其坚韧程度。

电子接触器

金在电子产品的生产中，几乎与铜和银有相同的作用。镀金连接器和金丝（图中所示）被广泛应用于电子产品中，在从移动电话到电脑等多种物品中都起到重要作用。在 2001 年，全世界有 197 吨的金用于制造电子元件中。

美国的淘金热

在 19 世纪，沙金在世界各地的发现，促使成群的淘金者涌向金的发现地，人们希望可以通过淘金获得惊人的财富。在美国有过很多次的淘金热，最著名的是 1849 年加利福尼亚州的淘金热。图中所示的，是人们为了找到金的颗粒，用家中自制的斜水槽来冲洗淤泥的情景。只有少数幸运的人能获得足够的金而变得富有，而大多数淘金者只找到很少的金甚至一无所获。

◀淘洗黄金

当含有金的岩石因风化而破碎时，金颗粒可能会被冲进小溪或河流中。金的密度很高，所以其颗粒积累在河床的沉积物中。这些金粒的回收过程包括淘洗，它是劳力密集型技术劳动。淘洗包括用盘子从河床中挖出鹅卵石、随后在鹅卵石四周小心地用水涮洗，直至较轻的砂砾被冲走，留下较重的金粒。

露天开采矿▶

据估计，迄今为止开采的金总计为 142 700 多吨，并且每年有 2460 多吨或者更多的金被挖掘出来。在过去，大多数该类型的金来源于南非。在这里提炼金就意味着挖掘的昂贵和不断加深的开采。最近，采金公司已经开始在适当的地区开发近地表的沉积物，如印尼、俄罗斯、澳大利亚和巴布亚新几内亚（如图中所示）。金能够以更便宜的成本从露天开采矿（地面上巨大的坑）中提炼出来，但是他们大规模地挖掘给环境造成了更大的威胁。

黄铁矿

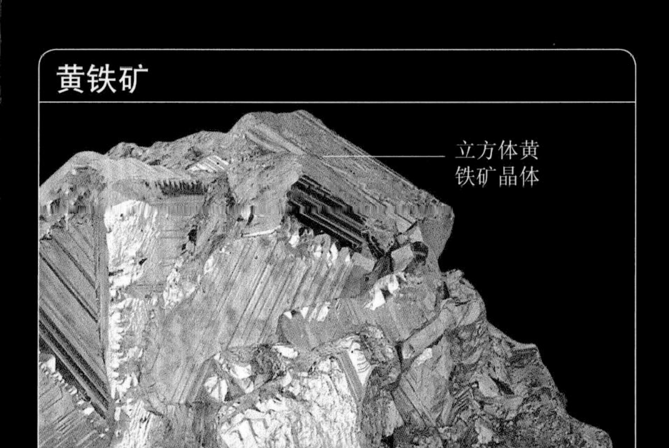

图中闪亮的黄色矿物被称为黄铁矿（一种硫化铁），它看起来非常像黄金，这使得很多勘探者因误认为已经找到了黄金而受到愚弄。但有时被称为“愚人金”的黄铁矿是最普通的金属矿物中的一种，能存在于大部分的环境中。实际上，任何看起来有一点铁锈色的岩石都可能含有黄铁矿。它的晶体可形成多种形状，包括立方体和具有 12 个五边形面的五角十二面体。

地下开采▶

要从地层中提炼金，就必须把含金矿石从地表或在地下夹缝中挖出。随后以浮选、冶炼（一个加热和熔化相结合过程）的流程，将金从矿石中分离出来，最后精炼为 99.5% 的纯金。图中的这个地质学家正在从地表以下的深层部位提取样品。对于样品金含量的分析，将会用于判定这个矿继续开采的价值。

长英质硅酸盐类

地球中地壳重量的 90%以上由硅酸盐构成，并且大多数岩石都由它组成。地球上有 1000 种以上的硅酸盐矿物，可将其划分为两大类：长英质硅酸盐和铁镁质硅酸盐。在花岗岩中形成的硅酸盐被称为长英质硅酸盐。长英质（felsic）一词是由长石（feldspar）和石英（silica）两个词的一部分拼合而成的。因为它们含有较少的铁和镁，所以与其他硅酸盐相比，它们的重量较轻且颜色较浅。长英质硅酸盐包括石英（纯硅）和富含钾的钾长石。云母是一组很容易被剥成薄片的硅酸盐矿物。

由侵蚀作用形成的岩屑

侵蚀作用之后出露的火山栓

野猪牙火山栓▲

位于美国怀俄明州的野猪牙火山栓，是一个古老火山的中心。经过数百万年，较软的外部岩石已经剥落，露出了较粗的堵在火山口的岩石。这种岩石是流纹岩，它与花岗岩成分相似，但形成于近地表而并非地下深层。这两种岩石都含有相同的长英质矿物——石英、钾长石和云母，但花岗岩可含有微斜长石或正长石（含钾），而流纹岩则含有透长石（含钾和钠）。

钾长石

正长石

正长石是一种重要的岩石组成矿物，正长石和斜长石组成了地球地壳的 60%。正长石是花岗岩的主要组成矿物之一，与云母和石英一起构成了花岗岩的主要组分。当花岗岩受到侵蚀后，正长石又循环到长石砂岩（富含长石）之中。

透长石

透长石（如图中所示）形成于多种火山岩（如粗面岩和流纹岩）和接触变质岩（大理岩和角页岩）中。它通常呈无色或白色，且具有白色条痕。它可以形成块状或棱柱状（如图中所示）晶形。晶体通常形成双晶。

歪长石

歪长石是与透长石和钠长石相似的一种钾长石，与它们不同的是，它同时富含钠元素和钾元素。透长石只含有很少的钠，钠长石则含有很少的钾。歪长石通常形成于火成岩中的岩墙和小型侵入体中。

微斜长石和瓷器▶

微斜长石是火成岩和变质岩中发现的主要钾长石类矿物，它形成在与低温条件相关的深层岩石中，如正长岩和伟晶岩。伟晶岩中的微斜长石晶体最大。一件来自俄罗斯卡累利亚的样品重量超过了 2000 吨。在 1500 年以前，中国人就使用微斜长石制成了细腻的瓷器。当加热时，微小的微斜长石颗粒有助于将细腻的高岭土（“白色黏土”）和石英凝结在一起，成为白色半透明的陶瓷制品。

由微斜长石制成的釉（一种坚硬的防水层）

中国的瓷花瓶

天河石是一种由绿色微斜长石构成的宝石品种

▲云母窗玻璃

云母矿物可以在所有种类的岩石中找到，在一些伟晶岩中，它们形成典型的无色易碎的薄片。一些云母非常光亮并且能抗风化，如白云母。因此，云母片曾一度被用作窗玻璃，如这里所示的这个建在一个出露岩层上的美洲原住民的住所，它位于美国新墨西哥州的阿卡莫普韦布洛。云母具有耐热的性能，并仍用于油炉和油灯中。

云母

白云母

白云母看起来很易碎，但实际上却很坚韧。它通常发现于其他矿物已被破坏的沙砾中。在沙皇俄国，它用于制造房屋的窗户，并以白云母命名。它的耐热性能使其一度用于制造炉窗。如今它用于制造电子元件。

黑云母

黑云母是一种常见的矿物，是花岗岩、片麻岩和片岩的主要矿物成分。它通常为黑色或深棕色，比白云母颜色深，质地十分软，很易破碎。黑云母的薄片通常黏结成直径超过2米的块体。因为这些块体与书页很类似，所以将其称为“书”。

锂云母

锂云母是一种罕见的云母，以薄层状形成于酸性火成岩中，如花岗岩。它的粉红色、紫色或灰色的色彩来源于金属元素锂的出现。它通常与电气石共生，粉色锂云母和红色电气石的集合体在雕刻装饰品中很有魅力。

粉紫色的电气石被称为红电气石

电气石

◀电气石

电气石矿物具有范围很广的生动的颜色。单个长晶体上具有多种颜色层的现象十分常见，就像奇异的鸡尾酒。每层都反映了一种微量化学元素在其结构中的变化。在加热时，红色的电气石会变为带电体。

祖母绿

绿柱石▶

绿柱石是一种分布广泛的矿物。纯的绿柱石（透绿柱石）为无色，杂质使其具有多种颜色。当铬和钒使其呈现出如图中所示的明亮绿色时，它就变为祖母绿。此外，蓝色绿柱石被称为海蓝宝石，黄色绿柱石被称为金绿柱石，粉色的绿柱石被称为摩根石。铍元素用于核反应堆和制造合金，而绿柱石则是它的一个重要来源。

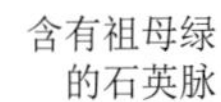

含有祖母绿的石英脉

用手将祖母绿从岩石中抠出以避免损坏

祖母绿矿▶

绿柱石在形成巨大晶体的伟晶岩中最常见。考古发掘显示其开采史已达数千年。在1816年，法国探险家凯利奥德发现了公元前1650年的古埃及的绿柱石矿。在红海的其他发现表明，祖母绿矿的开采可追溯到克利奥帕特拉时代。最好的祖母绿产自南美，尤其是哥伦比亚的彻马尔和穆佐（如图中所示）。

铁镁质硅酸盐类

这类硅酸盐族被称为铁镁质硅酸盐，英文中的铁镁质（mafic）一词得名于英文单词镁（magnesium）中的“ma”和铁质的（ferric）中的“fic”的组合。它们一般形成于构造板块分离处上涌的岩浆中（如在大洋底部以下），构成了火成岩（包括玄武岩和辉长岩）中碱性原子团的基本成分。铁镁质硅酸盐矿物橄榄石和辉石发现于基性岩和超基性岩中，比长英质硅酸盐矿物的密度更大且颜色更深。其他被称为斜长石的铁镁质硅酸盐，以其化学结构中钙元素与钠元素的多样化的比例为特点。

斜长石

奥长石

每个品种的斜长石都有其不同的钠或钙的比例。奥长石是一种白色或黄色的矿物，它含有的钠比钙多。它的宝石级品种被称为月光石或日光石（当含有微量赤铁矿时）。

钙长石

当斜长石含有最少量的钠和最多的钙时，称为钙长石。钙的增多使晶体将光折向一个与其他斜长石不同的路径。事实上，每一种斜长石都可以通过光的折射方向来进行鉴定。

贵橄榄石

含有绿色橄榄石颗粒的砂

◀橄榄石

橄榄石富含铁和镁，因其深绿的颜色而极易辨认。在夏威夷（如左图所示）等一些地方，橄榄石颗粒可以使河流及海岸沙滩变为绿色。橄榄石是在玄武岩和辉长岩中十分常见的铁镁质硅酸盐。被称为超基性岩的火成岩类包括橄榄岩和纯橄榄岩。因为地球中大部分的地幔由橄榄岩构成，所以橄榄石可能是地球上最常见的矿物。尽管如此，它在地壳中并不常见并且很少形成比显微颗粒更大的晶粒。这就是大而绿的贵橄榄石的宝石晶体价格昂贵的原因。

斜长岩▶

斜长石在斜长岩中的含量比在其他岩石中都要丰富（近乎100%），其中斜长石与闪长岩和辉长岩有着密切的关联。斜长石中以富含钙为典型特征，它是在15亿年前的古老地表上被发现的，包括位于美国的阿巴拉契亚山脉和斯堪的纳维亚南部。然而，月球上的高原和水星上的平原的大部分被认定为由斜长岩组成。“阿波罗16”号的登月行动从月球带回了40亿年前形成的这种岩石的块体。

采自月球的斜长岩样品

钙长岩很轻，当月球为熔融态时漂浮在其表层

▲辉石

辉石族矿物是镁铁质岩石中最常见的矿物，如普通辉石（如图中所示）和透辉石，它们形成短而粗的暗绿色晶体。辉石发现于大部分的火成岩和变质岩中，较深的镁铁质岩石普遍含有许多辉石矿物，如辉长岩和玄武岩。辉石形成于有少量水存在的岩石中。“辉石”一词来源于希腊语，原意为火和陌生人。因为这些深绿色的晶体是由矿物学家们在灼热熔岩中意外发现的。

▲闪石

像辉石类矿物一样，如阳起石（如图中所示）和角闪石的闪石类矿物也是这类岩石中常见的硅酸盐矿物，它们通常富含铁元素和镁元素。但与辉石不同的是，它们形成于有水存在的低温条件下，并且通常生长为刀片状或细丝状的晶体群。透闪石为灰白色，含有钙、镁和少许铁。绿色的软玉（玉石的一种）是阳起石和透闪石的集合体，闪石的解理呈菱形斜交，而辉石的解理呈直角相交。

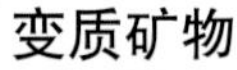

变质矿物

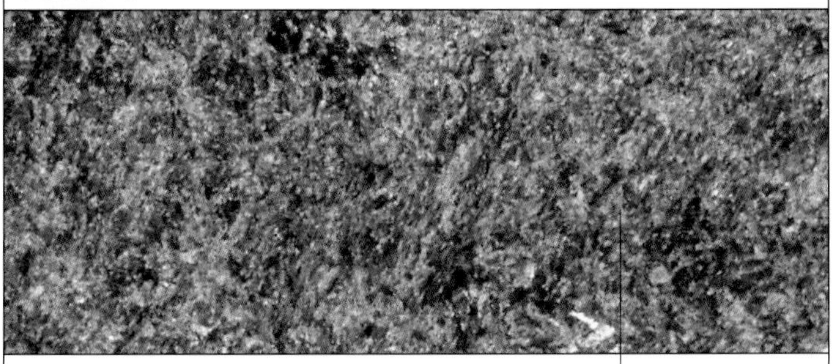

像大多数矿物一样，硅酸盐也可以在岩石变质时由于温度和压力的变化而发生转变。轻微的变质作用可将硅酸盐转变为含水矿物。如蛇纹石和绿泥石这些矿物都含有水，强烈的变质作用将硅酸盐中的水分脱出，首先形成的矿物与石榴石相共生，如白云母和黑云母。

在榴辉岩样品中可以看到红色的石榴石晶体

双晶

斜长石

斜长石晶体因其双晶而闻名，如钠长石（如图中所示）。双晶由结晶作用中的错位而形成，多个单晶体连生在一起，看起来如连体婴儿般，好像是互相由对方晶体内部生长出来。双晶所遵循的规律被称为双晶律。

榍石

有两类的双晶：接触双晶和穿插双晶。接触双晶，如在榍石中的一样（如图中所示），在两个晶体之间有清楚的界限，所以它们互相就像镜像一样。穿插双晶呈现为互相穿插的生长的态势，如柱星叶石和硅铍石。

拉长石

双晶并不是总能从外表就可以见到，在拉长石中，双晶呈薄片状产出。这就对光在晶体中的传播路线产生了影响，生成了分布特殊的被称为“拉长晕彩”的颜色。晕彩的颜色从蓝色和紫色变化为绿色和橙色。

含有铝元素和铁元素的硅酸盐

十字石

▲十字石

最令人惊异的双晶示例之一就是形成于变质岩中的十字石。这个图中的两个晶体完全的互相贯穿，看起来就像是互相从对方内部生长出来一样。在如图所示的珍贵变体中，双晶互呈直角生长，使矿物因此而得名为“十字石”。十字石一词来源于希腊语，意为十字架。它与马耳他十字（有四个等长臂状的符号，被圣约翰爵士采纳并用于十字军东征）具有共同之处，因而作为带来好运的护身符被赋予了与基督教的联系和声誉。在另外一类十字石中，晶体呈 60º 角相交。

石英

石英是长英质硅酸盐矿物，由氧元素和硅元素组成。它十分常见，是大多数火成岩和变质岩的主要成分。石英十分坚韧且不会分解，因此它为碎屑沉积岩（如砂岩和页岩）提供了很多物质源。虽然纯石英是无色的，然而杂质给它带来了一定范围的颜色和外形变化。尽管石英很常见，但它的颜色范围就意味着某些石英晶体会成为贵重的半宝石。

▲玉髓

当在火山洞穴的低温条件下形成石英时，石英晶体很微小以至于它们类似于光滑的瓷面。这种隐晶质石英被称为玉髓，并且生成了一系列的颜色和图案，其中包括血红色的红玉髓、苹果绿的绿玉髓、藓纹玛瑙和红褐色的肉红玉髓。玉髓一词来源于土耳其的查尔克顿，在那里，对矿物进行了开采从古时候就已经开始了。

石英的种类

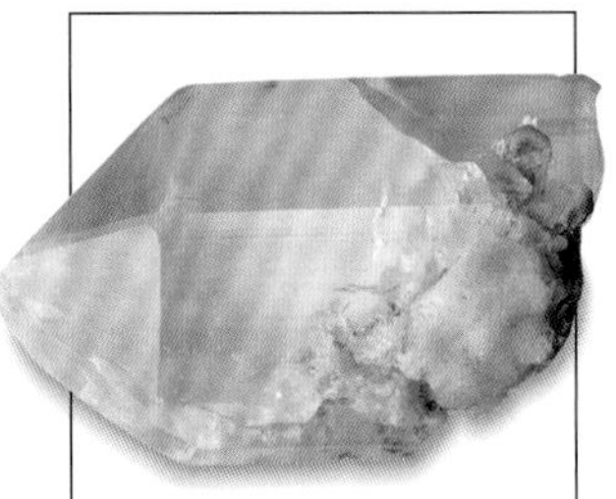

无色水晶

无色水晶是最纯净的石英，并且这种短粗的六面体像冰一样清澈。在历史上，水晶被制成卜算者的水晶球或闪亮的吊灯。如今，无色水晶被用于制作手表，因其具有天然的电荷，而有助于调整机械装置。

紫水晶

石英中微量的氧化铁使紫水晶变成紫罗兰色或紫红色。紫水晶的名字来源于希腊神化中一位少女的名字。女神阿耳特弥斯为了使其免受老虎的袭击，就将其变成了白色的石头，这时酒神狄俄尼索斯将深红色的酒倒在了这块石头上，随即将其染为紫色。

乳石英

石英在形成晶体时可以捕获其他物质。这些内部特征被称为内含物，它可以是从气泡到液体的任何物质。乳石英含有的微小流体气泡使其看起来为白色。被困在其他类型石英中的乳白色石英色裹体称为“鬼影”

烟水晶

烟水晶是深棕色的透明宝石，其他相似的品种包括墨晶和灰黑色的石英。这种暗色调源于受到地下放射性元素（如镭）的影响。烟水晶发现于瑞士的阿尔卑斯山和苏格兰的凯恩戈姆山。

蔷薇石英

蔷薇石英因含有微量的铁元素和钛元素而呈粉色。蔷薇石英并不作为宝石，因为它很少形成清澈的晶体。但它可用来制作装饰品和珠宝饰品。罗马人将其雕刻成用于冲压蜡封的物品。最好的蔷薇石英标本发现于巴西。

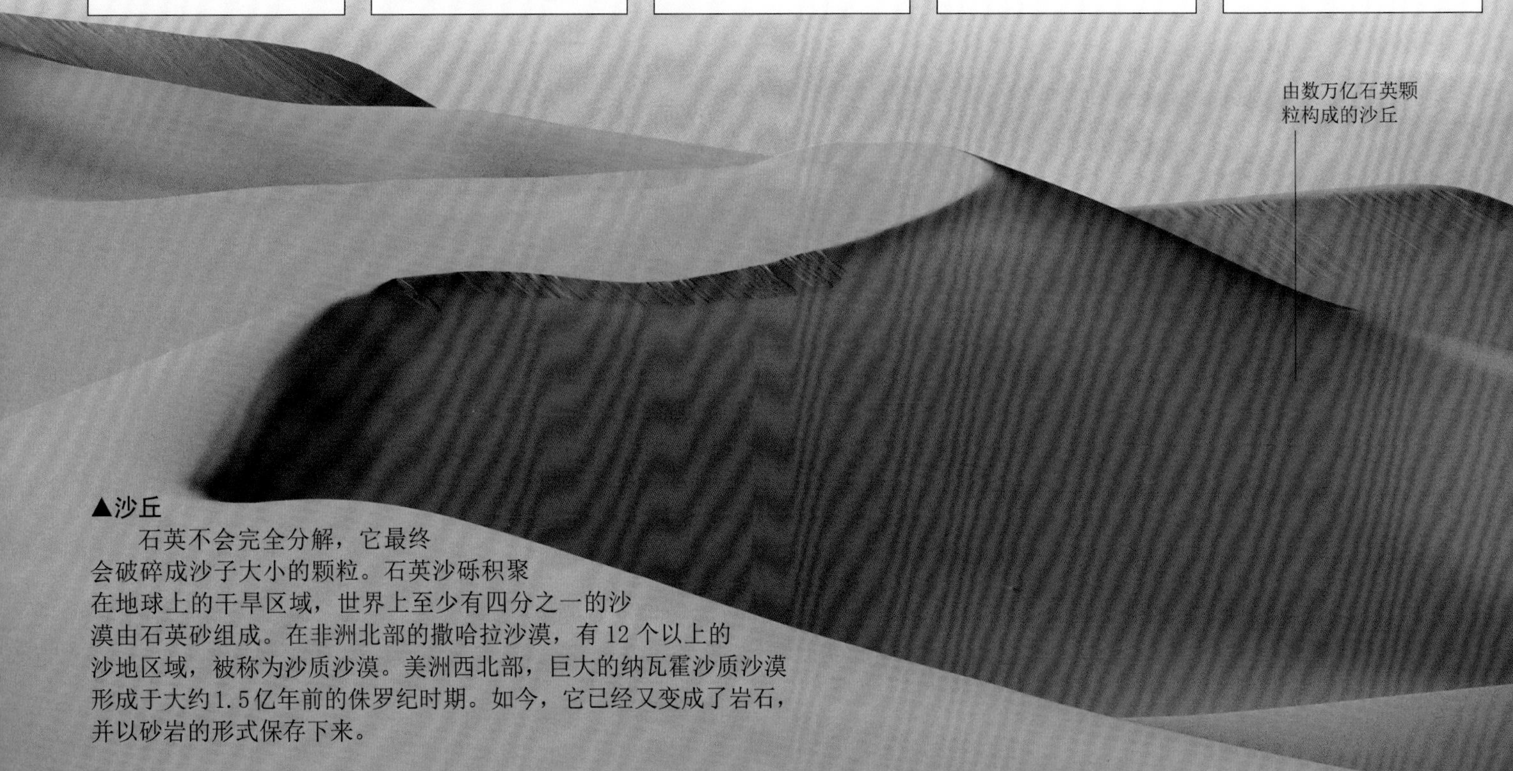

▲沙丘

石英不会完全分解，它最终会破碎成沙子大小的颗粒。石英沙砾积聚在地球上的干旱区域，世界上至少有四分之一的沙漠由石英砂组成。在非洲北部的撒哈拉沙漠，有12个以上的沙地区域，被称为沙质沙漠。美洲西北部，巨大的纳瓦霍沙质沙漠形成于大约1.5亿年前的侏罗纪时期。如今，它已经又变成了岩石，并以砂岩的形式保存下来。

▲玛瑙

当微量铁元素、锰元素以及其他化学元素在玉髓中生成条带时，这种玉髓就被称为玛瑙。藓纹玛瑙是带有苔藓状绿色绿泥石条带的白色玉髓。蓝色蕾丝纹玛瑙具有蓝紫色与白相间色的条带，缟玛瑙具有黑白相间的条带，雷公蛋具有星形的棕色和黄色的条带。虽然这种条带是天然形成的，但在商业中所出售的玛瑙经常是由人工染色而成。

玛瑙的形成▲

玛瑙通常形成于玄武岩熔岩中，玛瑙质的河卵石可发现于玄武岩所分布区域的海滩或河床中，如图中所示的位于加拿大不列颠哥伦比亚省的景观。当起泡沫的玄武岩熔岩流到地表时便会快速凝固，并同时捕获一些气泡。水流经熔岩管获得了硅和其他元素（如铁），并将这些元素沉积于气泡中。彩色的条带由水中化学成分随时间的变化而产生。

硅片

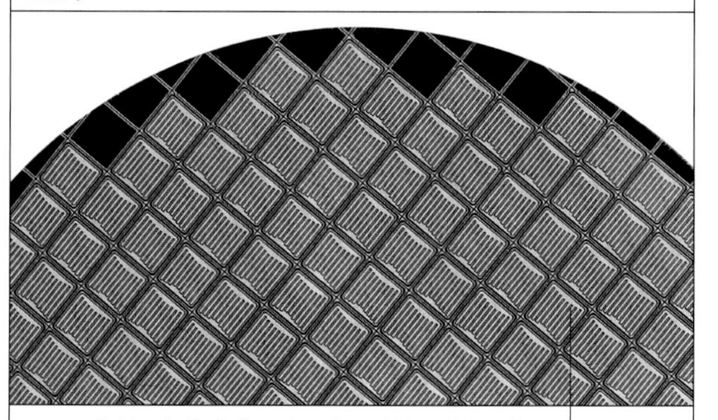

石英是二氧化硅的一种形式，硅是一种半导体，这就意味着它可以传导电流。如今，它的一个重要用途就是制造现代电子元件。计算机微处理器是用硅片制成的，它是由一位美国科学家杰克·基尔比于 1958 年所发明的。这些是在被印有金、银或铜的电路上的微小的正方形硅。这些芯片被制成很大的晶片，随后又被分隔开，以便使用。

欧泊▶

欧泊不能形成晶体，并且看起来不像传统的矿物而更像珍珠般的彩色玻璃。当富含硅的流体凝固时，欧泊以不同的方式形成，通常形成于温泉或火山岩中。从化学成分来看，欧泊是一种二氧化硅与水的化合物。将欧泊加热，去除水分子后，可将其转化为石英。黑欧泊和火欧泊是其中价值最高的品种。火欧泊颜色为红色和黄色，主要产于墨西哥的克雷塔罗。

变彩是形容这种多彩微光的术语

▲澳大利亚的欧泊采矿业

世界上 90%的欧泊都来自澳大利亚。第一个发现的欧泊产区位于新南威尔士的白崖（如图中所示），但现在这里的欧泊矿已经枯竭。主要的矿区位于澳大利亚南部著名的库柏佩蒂。这里白天很热，夜晚又太冷，以至于大多数人们生活于地下。库柏佩蒂这个词来自土著语，意为“一个洞中的白人”。

氧化物类

虽然地球上 90%的矿物都含有氧，但氧化物这一术语通常用来形容金属与氧的简单化合物或金属与氢氧的简单化合物（氢氧化物）。氧化物形成了一大类矿物，它产于大多数地质环境和多种岩石中。氧化物矿物包括从普通锡石（锡矿）到如蓝宝石和红宝石类（刚玉类）等珍贵宝石的每种矿物。从艳红色的红宝石到暗黑色的铁矿，充分表现了氧化物颜色的多样性。

据说这颗蓝宝石属于 11 世纪号称“忏悔者”的英国国王爱德华

尖晶石（黑太子的红宝石）

帝国皇冠

尖晶石

◀尖晶石

尖晶石是一种由金属氧化物组成的矿物。这种半宝石是具有架状结构的镁铝氧化物。其他微量金属元素赋予它多样的颜色，包括蓝色、绿色、紫色和棕色，但最典型的颜色是可以与红宝石相媲美的红色。许多一度被认为是红宝石的宝石已经被证实为尖晶石。最著名的是英国帝国皇冠上的那颗名为“黑太子红宝石”的宝石（如图中所示）。这颗“红宝石”由西班牙的卡斯提利亚国王佩德罗于 1366 年送给太子爱德华（威尔士的王子）。宝石级的尖晶石还发现于斯里兰卡、印度和泰国。

赤铁矿的晶形

肾状

赤铁矿从古时候就开始被作为铁矿石开采了。它可以形成多种晶形，其中包括如上图所示的肾状。赤铁矿一词来源于希腊语，意为鲜血。当将其磨成粉末时，呈现为红色。根据希腊传说，它是由战场上染上血斑的岩石形成的。

块状

块状（没有明显的晶形）的赤铁矿很容易被风化，从而显出与众不同的棕红色条纹，与铁锈很相似。像铁锈一样，这种条纹也是在水和铁发生反应时生成的铁的氧化物。在标本上可以看到，由镜铁矿构成的分散状的小斑点（闪亮的反光晶体）。

镜片状

镜铁矿是具有灰色金属光泽的六边形晶体。非洲南部斯威士兰的狮子洞是一个古老的镜铁矿产地。据说它是世界上最老的矿洞，其历史可追溯到 4 万年前。非洲的布须曼人用镜铁矿作为装饰品，他们将矿粉擦于额头上，使自己闪闪发光。

磁铁矿▶

磁铁矿是一种天然的磁性铁矿石。磁铁一词来源于古希腊一个城镇马格内西亚，这里发现了大量的磁性铁矿石。古时候的中国人首先开发利用了这种矿石的磁性能。风水先生使用一种定向罗盘，来建议人们在何处修建坟墓或新宅，以便能够使周围的气（地球的能量）的流向达到最佳，并且可以设置较好的布局。中国人起初使用磁铁矿制造的勺形物品来指示南北方向，而后人们改成使用磁化针，用于如此图所示的风水罗盘中。

用磁铁矿摩擦磁化的铁针

中国风水罗盘分成 24 格（每格 15°）

磁铁矿

◀**蓝宝石**

蓝宝石是刚玉中的珍贵品种，其硬度仅次于金刚石。蓝色是由微量的铁和钛元素所致。蓝宝石通常发现于河流的沙砾层中，由含有蓝宝石的岩石经破碎后沉积于此。克什米尔地区和澳大利亚皆因出产蓝宝石而闻名。除了作为珠宝以外，蓝宝石还用于机械工程及制造激光。

◀**红宝石**

红宝石是另一种珍贵的刚玉，其颜色是由微量铬元素所致。古老的印度教教徒将其称为“Rajnapura”，意为“宝石之王”。几个世纪以来，最优质的红宝石一直产自缅甸的抹谷地区，它们形成于大理岩和其他变质岩中。星光红宝石（和星光蓝宝石）在石头中呈现为含有3射或6射光芒的星星，这种效果被称为星光效应。

锡石▶

锡石是锡含量最丰富的矿石。锡是人类最早所使用的金属之一。在8000年前，人类就将它与铜混合来制造青铜，它被用于坚硬工具和武器的制造。这项发明十分重要，并以它的名字为这个新的时代命名为“青铜器时代”。大多数锡来自从火成岩岩脉中发现的锡石，此外，在沉积物的堆积层中也有发现。

在铝或钢的表面覆盖一层锡而制成的锡罐头盒

金红石▶

金红石是钛最重要的来源。钛的强度大、重量较轻、又抗腐蚀等，这些性质使其成为制造导弹和航行器的理想材料。如今，世界上95%的钛用于制成二氧化钛，这种物质是白色油漆的主要成分（如图中所示在这里用于公路标记）。

发晶（含针状金红石的石英）

形成于石英中的针状金红石

使用核燃料操纵杆的储油罐

当晶质铀矿形成块状晶形时被称为沥青铀矿

◀**晶质铀矿**

晶质铀矿是一种放射性矿物，它是获取铀和镭的主要矿石，铀用来产生核能量。开采10万吨以上的晶质铀矿可以生成25吨的反应铀。这是一个典型核电站每年铀矿用量的数据。如今，许多使用的铀是从拆除核弹中的铀的回收利用。铀大都发现于致密的沥青铀矿中。

硫化物类

这一类矿物由硫元素和其他元素（通常是一种金属）组成。硫化物涵盖了世界上一些最重要的金属矿石，如辰砂（汞矿石）、方铅矿（铅矿石）、闪锌矿（锌矿石）和黄铜矿（铜矿石）。大多数的硫化物密度大、易碎，且看起来像金属。少数硫化物色浅、清澈且闪闪发光，如雄黄和雌黄。硫盐是硫的络合物，其中的硫直接与半金属元素（如砷、铋或锑）结合形成络阴离子团。

◀铅框架玻璃窗

铅是一种软的易塑形的金属，它在过去被广泛用于制造管道、屋顶和油画颜料，现在则被用于电池、金属合金和防护X射线。铅很容易塑形，所以用它来将染色玻璃结合在一起制成玻璃窗。在窗户中的截面为“H”形的铅条，被弯成适合环绕玻璃碎片的形态，并将这些玻璃碎片结合在一起。

▲辰砂

辰砂以在温泉周围或火山脉中结晶为典型特征，通常呈明亮的砖红色。因为它含有很多汞（高达85%甚至更高），所以它是我们获取汞的主要来源。汞用于温度计（如右图所示）和其他科学仪器中。辰砂所磨成的粉末一度广泛应用于名为朱砂红的红色油画颜料中。这种颜料现已不再使用，原因是它像所有含汞化合物一样具有毒性。

▲方铅矿的立方体晶体

由硫和铅组成的方铅矿，有时形成与众不同的灰色立方体晶体，这使其成为最容易辨认的矿物之一。方铅矿是天然的半导体（传导电流），并且是我们今天所熟知的大多数电子配件的先驱。方铅矿晶体用于最早的晶体管收音机。最好的方铅矿晶体产于德国、法国、墨西哥及美国的三州矿区（三州指的是堪萨斯州、密苏里州与俄克拉荷马州）。

方铅矿（铅矿石）▶

每年大约开采近300万吨的铅矿石，大多数采自热液矿脉内所发现的大型块体中。主要的出产国为澳大利亚、中国和美国。一旦矿石被带至地表，就有90%的物质需要在金属经熔炼（加热并熔化）分离前被去除。然而，我们今天所使用的大多数铅只是废料（损耗很少的能量）的再生品。

▲辉铜矿

辉铜矿是铜和硫的化合物。典型的辉铜矿含有80％的铜元素，它的硫成分很容易分离出来。遗憾的是，辉铜矿十分稀少，事实上，最好的辉铜矿沉积物已被采尽了。如今，主要的产铜矿石是黄铜矿，它比辉铜矿的含铜量低，但分布较广泛。

▲雌黄

柠檬黄色的雌黄是地球上颜色最醒目的矿物之一。它一度被用作绘画中黄色颜料。高度的不稳定性使雌黄随时间的流逝而分解。希腊哲学家德奥弗拉斯特给雌黄取名为“arsenikon”，此名是由“砷”一词而来，因它含有致命的有毒成分——砷。与所有富含砷的矿物一样，当其加热时会有大蒜的气味。

▲雄黄

明亮红色的雄黄和雌黄一样具有与众不同的颜色、不稳定性及致命的毒性。与雌黄一样，它也是砷的硫化物。古时候的中国人将其雕刻成装饰品，但它们到现在已经分解。雄黄的名字来源于阿拉伯语的“rahjalghar”，意为“矿山的粉末”。

保存于黄铁矿中

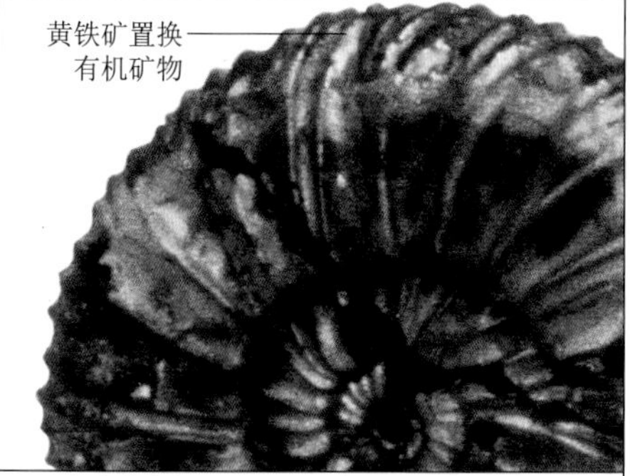

生命体能够以多种方式保存，但最常见的一种方式就是黄铁矿化。这个化学过程就相当于铁的硫化物矿物的逐渐形成的过程。当被掩埋的有机矿物慢慢分解的同时，其分子也被黄铁矿逐个置换。有机体残留物经过数百万年后，就如同这个菊石化石样，虽然保留了它的形态，但其成分实际上已转变为黄铁矿。

碲化物和砷化物▶

在碲化物和砷化物中，碲元素和砷元素实际上代替了化学结构中的硫元素。它们在其他方面与硫化物十分相似，但又被单独划分出来。碲化物是少数含有金的矿物，尤其是在针碲金银矿和碲金矿中。19世纪90年代，美国科罗拉多州克里普尔克里克地区的淘金热，就是建立在寻找含金碲化物矿物（如针碲金银矿）的基础之上的淘金浪潮。

针碲金银矿

硫盐

硫砷铜矿

这种稀有的矿物是砷、铜和硫的化合物，它富含铜元素。好的晶体发现于美国蒙大拿州的布蒂、墨西哥的索诺拉州以及秘鲁的塞罗德帕斯科等地。硫砷铜矿通常会形成具有独特外形的名为三连晶的星形双晶。

硫砷银矿

硫砷银矿是银、砷和硫的化合物，是少数既无金属性又透明的硫化物矿物中的一种。它形成漂亮的酒红色晶体，这些晶体有时可以切割制造成宝石。这种矿物有时又被称为淡红银矿，也经常发现于银矿中。

车轮矿

它是一种铜、铅、锑和硫的化合物，车轮矿形成短粗的棱柱状（药片状）晶体。有时它形成明显的嵌齿轮状双晶，从而使其在英文中名为“嵌齿轮矿石”。铜、锑和铅均可从这种矿石中提炼出来。

硫酸盐类及其他相似盐类

硫酸盐类是一种或多种金属与硫酸根（硫和氧结合的原子团）结合而成的化合物。当硫以蒸发岩或由灼热的火山流体所遗留的沉积物的形式暴露于地表空气中时，便形成了典型的硫酸盐。所有这些硫酸盐都是软且苍白的物质，通常为透明或半透明的晶体。共有 200 多个不同品种的硫酸盐，其中最常见的是石膏。硫酸盐是一种软质沉积岩型矿物，有很多工业用途。尽管如此，大多数硫酸盐很珍贵并且只有在少数地区才能够形成。

▲硬石膏

硬石膏是半透明的易碎矿物，其颜色范围从白色到褐色，并且形成于厚的矿床中。它通常是石膏、岩盐和石灰石的混合物。实际上，当石膏干燥时会形成一些硬石膏层，而体积会收缩，所以硬石膏层通常会扭曲或布满裂缝和孔洞。硬石膏晶体很珍贵，因为水通常会使它们又变回石膏。淡蓝紫色的硬石膏因为具有天使蓝色而被称为天使石。

石膏的形态

沙漠玫瑰

在炎热的沙漠中，水通常从浅的含盐分的盆地中蒸发出来。这里的石膏可围绕沙砾生长，从而形成由扁片和叶片状晶体组成的花朵状晶簇，这种晶簇被称为“沙漠玫瑰”。鸡冠形重晶石与沙漠玫瑰很相似，但是石膏花瓣具有更好的轮廓。非洲南部的纳米比亚因出产“沙漠玫瑰”而闻名。

纤维石

虽然石膏通常看起来光泽暗淡且呈粉末状，但它有时会形成纯净透明或呈丝绢光泽的白色纤维状晶体。这种名为纤维石（晶石）的石膏，以其纤维状外观而具有价值，并且用来雕刻珠宝首饰及装饰品。地质学家用“晶石”一词来形容任何白色或浅色的、容易破碎的晶体。

菊花石膏

当石膏形成于岩石表面的小而潮湿的溶蚀坑中时，它通常可以生长为具有辐射状重叠图案的晶体。由于它们看起来像菊花，所以被称为菊花石膏。有时在它们的中间部位还会有淡淡的黄色斑点，使菊花般的效果看起来更加完整。

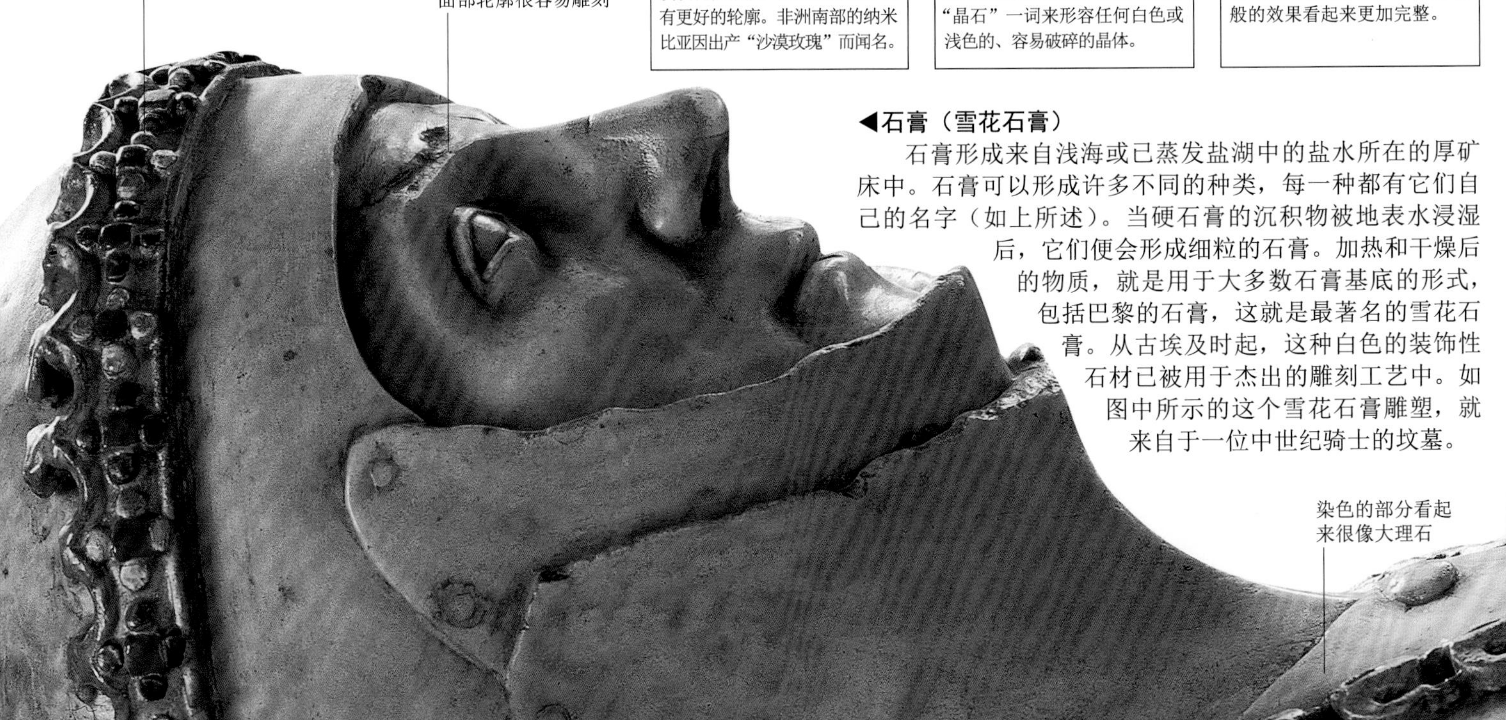

◀石膏（雪花石膏）

石膏形成来自浅海或已蒸发盐湖中的盐水所在的厚矿床中。石膏可以形成许多不同的种类，每一种都有它们自己的名字（如上所述）。当硬石膏的沉积物被地表水浸湿后，它们便会形成细粒的石膏。加热和干燥后的物质，就是用于大多数石膏基底的形式，包括巴黎的石膏，这就是最著名的雪花石膏。从古埃及时起，这种白色的装饰性石材已被用于杰出的雕刻工艺中。如图中所示的这个雪花石膏雕塑，就来自于一位中世纪骑士的坟墓。

泻盐▶

泻盐是仅有的少数几种溶解于水的硫酸盐矿物之一，因此它的大晶体比较稀有。它趋向于在石灰石洞壁或温泉周围形成白色沉积物，化学成分为水合硫酸镁，以发现于英国埃普索姆的矿泉水中的泻盐最为闻名。泻盐可用来治疗轻微的消化不良。

钨锰铁矿▶

钨酸盐与硫酸盐很相近，钨替代硫的位置形成钨与氧的原子团，随后再与其他金属结合。钨锰锑矿和白钨矿是获取金属钨的主要矿石，钨主要用于制造灯泡内的灯丝。钨的熔点为3410℃，比其他金属的熔点都要高。

胆矾▶

亮蓝色的胆矾，生成于暴露在空气中的铜矿石上，它是硫酸铜的天然形式。由于它可溶于水，所以通常只发现于干燥地区，曾一度在智利开采出大型的沉积物。因为这种微红的金属具有良好的导热性和导电性，所以用来制造从铜质平底锅到电线的各种产品。

重晶石的形态

鸡冠状

重晶石（硫酸钡）是一种常见的矿物，它通常形成于火山水中。有时它长成薄的刀刃状晶体，并且呈簇状结构，看起来就像公鸡或雄禽的冠（如图中所示）。当这些冠状的重晶石因含铁质而呈红色时，被称为重晶石玫瑰。

晶体状

重晶石晶体也可以形成薄片状、纤维状或巨大的无色透明的棱镜状晶体（如图中所示）。大量的重晶石因含有金属钡而被发掘出来。钡因其惰性（化学反应）而具有实用性，其主要用途是作为涂料、玻璃和牙膏的填料。

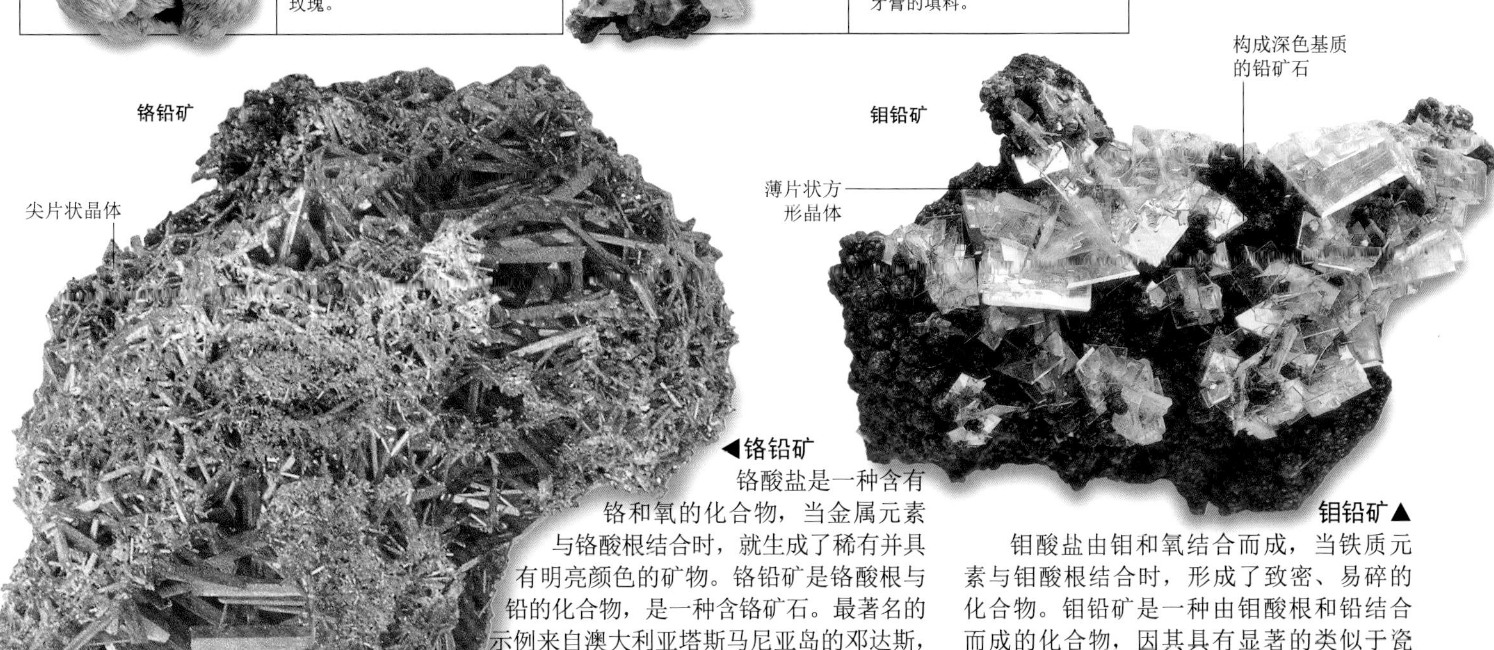

◀铬铅矿

铬酸盐是一种含有铬和氧的化合物，当金属元素与铬酸根结合时，就生成了稀有并具有明亮颜色的矿物。铬铅矿是铬酸根与铅的化合物，是一种含铬矿石。最著名的示例来自澳大利亚塔斯马尼亚岛的邓达斯，这里出产的一些标本可形成长达20厘米的棱镜状细长晶体。大多数标本由小尖片状晶体组成，或者根本不具有晶体形态。

钼铅矿▲

钼酸盐由钼和氧结合而成，当铁质元素与钼酸根结合时，形成了致密、易碎的化合物。钼铅矿是一种由钼酸根和铅结合而成的化合物，因其具有显著的类似于瓷砖的方形晶体而很容易鉴别。该矿物通常为黄色，也可以呈白色、红色或橙色。最亮的橙色晶体产自伊朗的查卡博斯。

堆积起来晒干的海盐堆

卤化物类

卤化物类是由一种金属与五种卤族元素（氟、氯、溴、碘和砹）中的任意一种化合而形成的矿物。其中最有名的是石盐或称为岩盐（氯化钠），我们用它作为食用盐。像岩盐一样，许多卤化物都具有可溶性（它们很易溶于水），这也就是它们通常形成于特殊条件下的原因。尽管石盐具有溶解性，但仍十分常见，以至于在世界的很多地区都发现了其大量的沉积物，并且它在工业上也具有十分广泛的用途。

▲盐山

大部分石盐采自古老海洋干涸而留下很厚的盐矿床中。随后，它被堆积成巨大的盐堆以便干燥。一些盐湖中石盐形成于水在盐湖中蒸发，如犹他州的盐湖。盐也用于保存肉类和鱼类，并且可以使食物更加可口。虽然人体需要依靠定期摄入自然形成的盐来保持系统平衡，但对盐的过量食用也是不健康的。

石盐的类型

橙色石盐

当石盐结晶时，通常形成立方形晶体。这种立方形晶体经常可在未经提炼的海盐中见到。尽管如此，因为这些矿物很易溶于水，所以在自然界中石盐的大晶体比较少见。在生成石盐的地方，并不是只形成白色的晶体，也同样会形成彩色的晶体，如橙色和粉色的晶体。

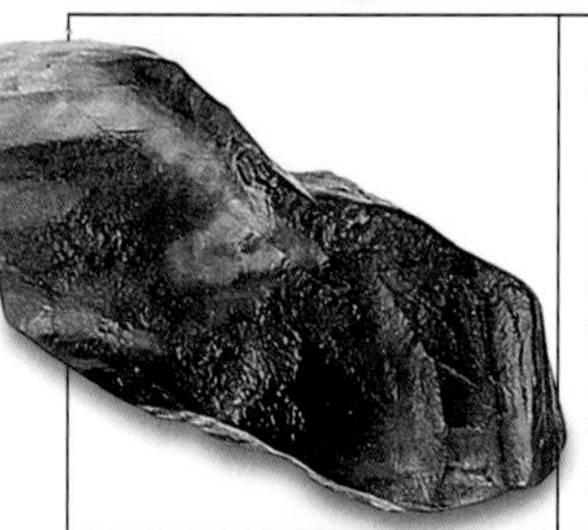

蓝色石盐

一些石盐的颜色变化是由细菌所引起的，另一些则是由于暴露在天然辐射中而引起的。伽马射线先将石盐变为棕黄色，随后变为深蓝色。这种蓝色由少量金属元素钠所致。这些少量的金属钠是在辐射粒子冲击晶体结构中的电子时形成的。

漏斗形晶体

最引人注目的一种石盐晶形是斗形晶体。这种立方形斗状晶体，因其晶面以一种形似采矿传送带上漏斗（容器）的方式排列为锯齿状而得名。这种锯齿状缺口的产生，是由于其晶面边部的生长速度比中间要快。

收获海盐▶

在一些国家，特别是在一些岛上，仍旧采用这种从海中收获食盐的最古老的劳动密集型方式，如在西印度群岛和佛得角。海水进入面积很大很浅的盐池中，随后停留在那里，在太阳的照射下蒸发。保留下来的盐（只占很少的比例）采用手工收获，并且被运往提炼厂，在那里大部分的盐被转变为化学制品，如氯。

氯铜矿

氯铜矿是一种亮绿色的氯化铜，它的名字来源于作为世界上最干旱地区之一的智利的阿塔卡马沙漠，在这里可以找到最好的标本。氯铜矿仅形成于很干燥的区域，在那里，硫化铜矿物暴露在空气中。氯铜矿像硅孔雀石、铜氯矾、假孔雀石、蓝磷铜矿和水胆矾几种稀有矿物一样，一般与孔雀石、蓝铜矿和石英共生。氯铜矿的吸收性很强。

通常与氯铜矿一起发现的亮绿色的孔雀石

蓝约翰显现出彩色的晶体条带

◀条带状萤石

萤石是另外一种卤化物，它是仅次于石英的具有多种颜色的矿物之一。纯的萤石为无色，但是杂质会使其产生出彩虹的每种色调，从浓郁的紫色到明亮的绿色。它在黑暗中经紫外光照射时也会发光，因此我们才有了荧光一词。大部分萤石为单色，但有些会形成彩色条带。最著名的条纹萤石之一是“蓝约翰”，是法语“Bleu Jaune”（蓝黄）的一个误传。它又被称为“Derbyshire Spar”（萤石），是以英国的一个发现萤石的郡的名称来命名的。它由寻找铅资源的矿工，于18世纪首次发现于德贝郡的山洞中。拥有像这样的由“蓝约翰”制成的高脚玻璃杯，在当时是很时髦的。

萤石▶

萤石一词来源于拉丁语，意思为“川流不息”，因为它主要被作为助熔剂（一种可以降低熔点的物质）用于钢和铝的生产过程中。它有助于熔化的金属更好地流动，并且同时它又有助于去除杂质（如金属中的硫）。萤石是发现于热液脉和石灰石中的一种常见矿物。氟是一种经常添加于饮用水和牙膏（以氟化物的形式）中用以坚固牙齿的化学制品，而萤石是获取氟的唯一资源。

玻璃样的立方晶体

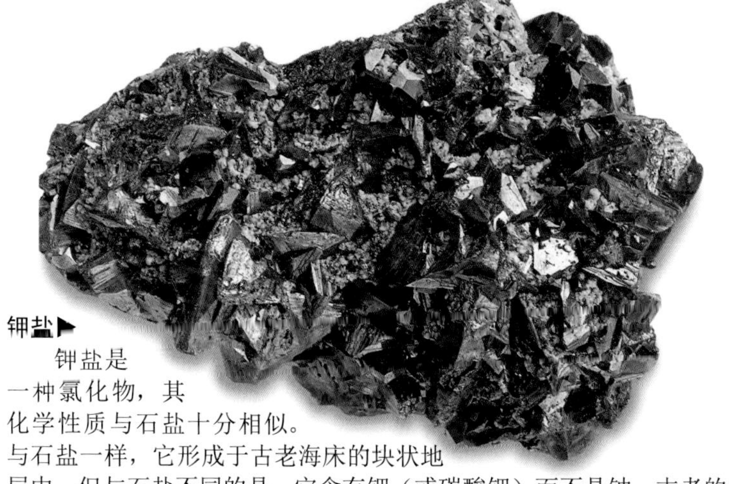

钾盐▶

钾盐是一种氯化物，其化学性质与石盐十分相似。与石盐一样，它形成于古老海床的块状地层中，但与石盐不同的是，它含有钾（或碳酸钾）而不是钠。古老的钾盐矿床是钾盐的一个主要资源。钾盐是肥料的一种主要成分，被全世界的农民（右图所示）所使用。全世界四分之一的钾盐采自加拿大的萨斯喀彻温省。钾盐能够形成晶体（如上图所示），但这种晶体十分稀少。

碳酸盐类及其他相似盐类

当碳酸根（碳和氧构成的原子团）与金属或半金属结合时，就形成了碳酸盐矿物。这一矿物族中的矿物较软且易溶于酸性物质。许多碳酸盐类是在地球表面的矿物被酸性空气和酸雨改变时形成的。硝酸盐、硼酸盐和磷酸盐矿物是在硝酸根、硼酸根和磷酸根与一种或多种金属元素化合时形成的。磷酸盐类矿物很软、易碎且多色。

◀文石

文石首次发现于西班牙的阿拉贡，是一种白色的矿物。它在化学性质上与方解石是相同的，但是它的晶体形态与方解石不同，包括具有尖锐的针状体。文石通常形成于温泉中或在洞壁上，在这里它生长成奇怪的珊瑚状外形，被称为“文石华”（铁花）。一些海洋生物以天然的方式释放出文石，牡蛎贝壳中的珍珠状物质就是由文石组成的。

看起来酷似珊瑚的文石华晶体

◀孔雀石

孔雀石是根据希腊“锦葵”一词命名的，因为它具有与锦葵叶一样的颜色。它是一种碳酸铜，且通常以铜矿石中的污点或外壳的形式产出。孔雀石通常具有与众不同的绿色条带，从古时候起，它就已经因装饰用途而被人们用于雕刻了。当铜生成于其他矿物中时，能够显出蓝色（蓝铜矿或硅孔雀石）或红色（赤铜矿）的颜色。

孔雀石因具有丰富的绿色而具有价值

◀菱锰矿

玫瑰粉色的菱锰矿通常形成于火山矿脉的泡沫中，含有银、铅和铜。这种小块体具有由黑色的锰的氧化物所构成的外壳，同时其内部显现出暗深粉色的条纹。菱锰矿是含有金属锰的矿石之一，它通常为粒状（粗糙）小块体而不见晶体。

菱锰矿劈开面所展现的粉色条带

▼方解石晶体

方解石是由钙、碳和氧组成的。它是地球上大部分常见岩石的组成矿物之一。方解石由死去的海洋生物的微小外壳所形成，是石灰石的主要成分。成堆的石灰华（方解石的一种形态）形成于喷出地表的间歇泉内富含矿物质的热水中。这些位于美国内华达州黑岩沙漠的间歇喷泉中的石堆，是围绕不再使用的采矿管而形成的。方解石质的钟乳石和石笋也形成于山洞中。

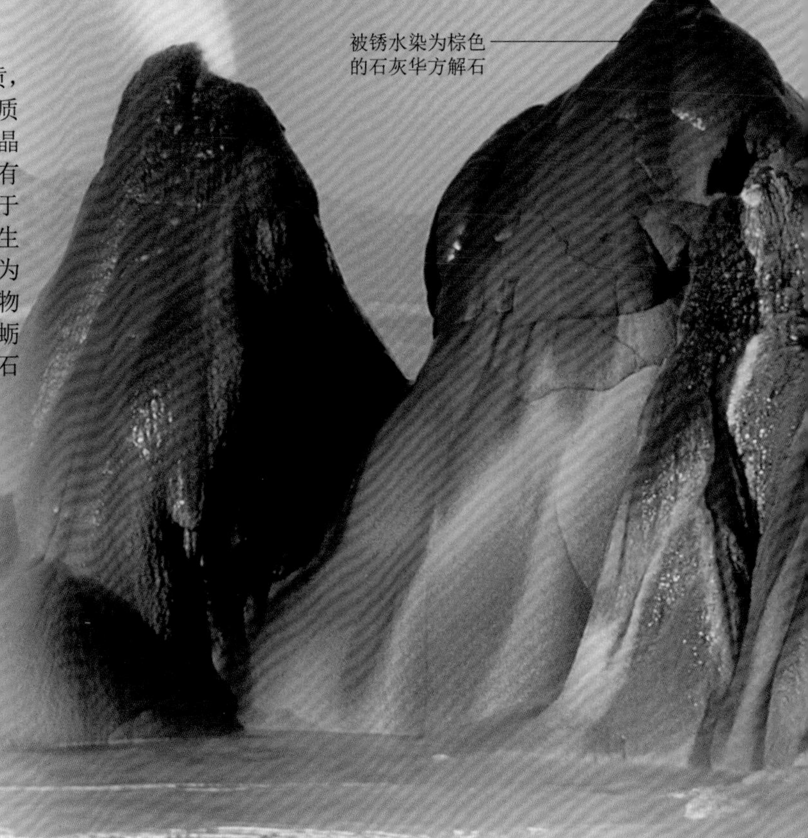

被锈水染为棕色的石灰华方解石

方解石晶体

冰洲石

有300多种不同形态的方解石晶体。自17世纪以来，纯净的方解石因其对光的折射性而具有价值。冰洲石晶体用于制造诸如显微镜一类的光学仪器。如今，大部分的冰洲石来自墨西哥。

犬牙石

犬牙石因与犬类的尖牙相似而得名。它们通常在石灰石山洞内的水池中形成簇状体。由于各个面形成不等边三角形（具有不同边长的三角形），所以这种尖形被称为偏三角面体。两个晶体常会结合在一起形成双晶。

钉头石

钉头石，形成形似钉子的晶体。这种“钉子”由两个菱面体组成，一个长菱面体顶部连有一个扁平的菱面体。钉头石常形成于岩洞和矿洞中。位于美国南达科他州黑山的珠宝洞，就是因其洞壁上所形成的闪亮的钉头石晶体而得名的。

银星石

◀磷酸盐类（银星石）

银星石在矿物分类中属于磷酸盐类，是含有氧和金属磷的混合物。银星石在石灰岩、燧石岩和花岗岩中形成球状晶体。当小球破碎时，它们表现为如图中所示的光盘状形态。

磷酸盐类（磷灰石）▶

磷灰石也是一种磷酸盐类，它得名于希腊语，原意为欺骗，这是因为此种矿物具有多种颜色且常被误认为其他矿物，如绿柱石或橄榄石。磷灰石晶体形成于变质岩中，但大部分晶体因太小而很难见到，像图中所示的这种大晶体很少见。磷灰石是动物牙齿和骨骼的重要组成部分，它的主要工业用途是制成肥料。

磷灰石

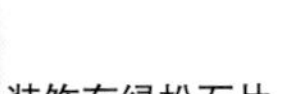

褐煤构成了面具上的黑色部分

装饰有绿松石片的阿兹特克面具

绿松石

◀磷酸盐类（绿松石）

绿松石是一种磷酸盐类，因含有铜元素而具有蓝绿色。它通常形成于沙漠中，古埃及人在5000年前就从西奈沙漠中开采绿松石。在中世纪，它经土耳其出口到欧洲，绿松石一词就来源于法语，意为“土耳其”。在中美洲，绿松石的开采大约始于1000年前。阿兹特克人用其块状原石作为珠宝，或者将其制成如图中所示面具上镶嵌的微小马赛克。

硝酸盐类（钠硝石）▶

钠硝石（硝酸钠）属于硝酸盐类。它与方解石很类似，但是比方解石更软、更轻。硝酸盐类比较罕见，因其溶于水，所以主要发现于干燥地区，如智利和美国的加利福尼亚州。钠硝石主要来源于智利的阿塔卡马沙漠。它用于制造肥料（上图是其放大观察的形态）和炸药。

钠硝石

硼酸盐类（钠硼解石）▶

钠硼解石属于硼酸盐类矿物。有时钠硼解石生成充满线状纤维的结构，被称为“电视岩石”。这种纤维所起的作用与纤维光学（用于通信）中所起的作用一样，它们经内部反射将光沿其长轴传输。钠硼解石通常与硼砂伴生，它是一种存在于从食物防腐剂到玻璃纤维等各种东西中的水溶性矿物。

钠硼解石

矿物的早期应用

我们最初的祖先使用石制工具来协助他们打猎、宰杀动物、切肉以及建造掩蔽所。他们大约在同一时期发现了矿物中所富含的彩色颜料，并用这些颜料来创作石洞壁画。大约在 9000 年前，随着最古老社会文明的兴起，由岩石和矿物制成的多种用具开始显著增多。人们学会了如何用石头来建筑房屋，如何用黏土来制成瓦罐，如何在黏土制成的写字板上书写，以及如何用金属来制作武器、盔甲、工具、碗和宗教用具等各种物品。

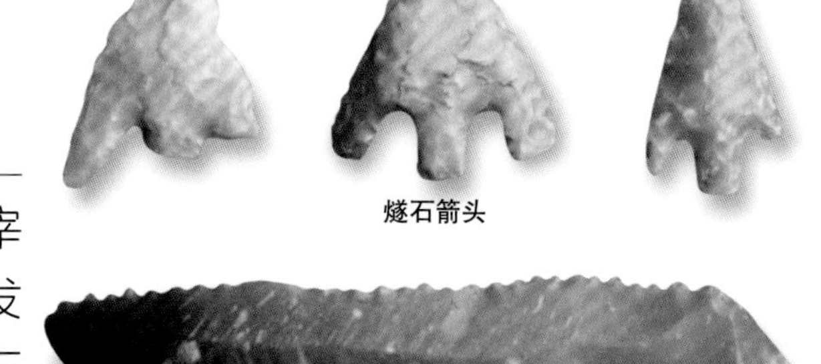

燧石箭头

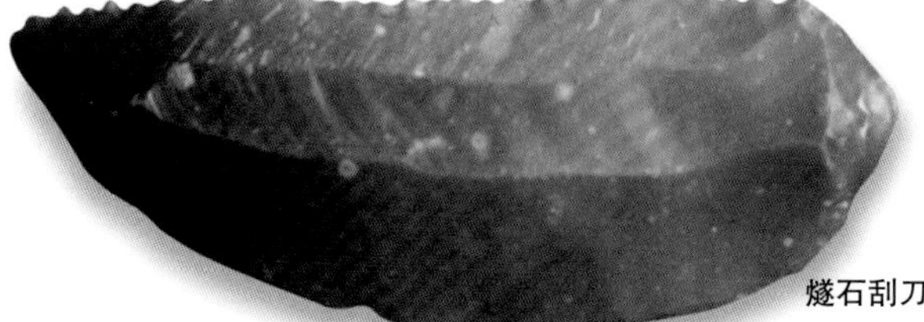

燧石刮刀

▲石制工具

在 200 万年以前，史前的人类将燧石削出锋利的边缘，以便将其做成刀和斧。最近，考古学家在埃塞俄比亚的戈纳，发掘了最早可追溯到 260 万年前的燧石刀。燧石为我们的祖先提供了最早的工具，所以将发现青铜（公元前 9000 年）之前的这个时期称为石器时代。

矿物颜料▶

在很久以前，人们就学会了将矿物研磨成糊状来制造彩色颜料。石洞壁画始于 2 万年前，展现了所使用的 4 种主要矿物颜料：取自赤铁矿的赭红色、取自褐铁矿的赭黄色、取自软锰矿的黑色和取自高岭石（陶土）的白色。随着最古老文明的发展，人们学会了如何利用更多的矿物来制成范围更广的颜色，如取自雄黄的红色、取自雌黄的黄色、取自孔雀石的绿色、取自蓝铜矿的蓝色和取自天青石的深蓝色。最稀有的颜料具有很高的价格，如取自天青石的深蓝色。

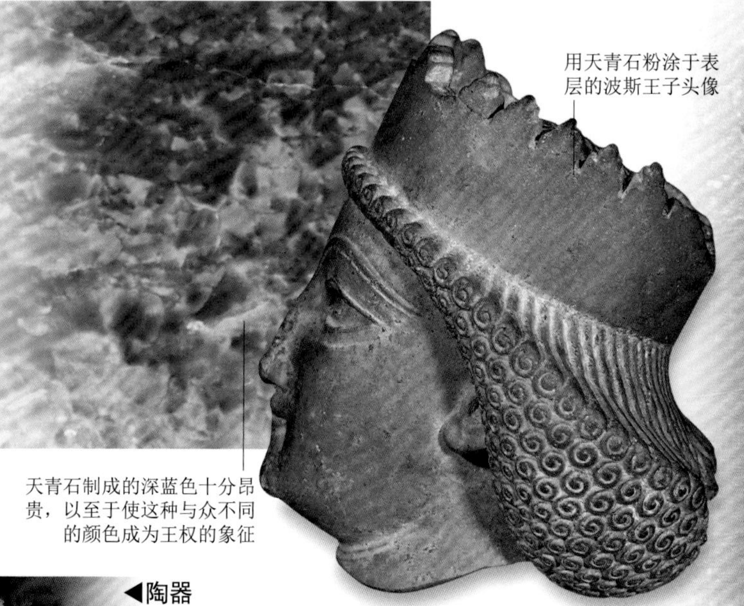

用天青石粉涂于表层的波斯王子头像

天青石制成的深蓝色十分昂贵，以至于使这种与众不同的颜色成为王权的象征

兵马俑由 7000 个与真人大小相同的陶制塑像（最早的陶器）构成的“陶俑军队”，与中国的第一个皇帝埋葬在一起。

◀陶器

在 3 万年以前，人们发现了如何将软的黏土塑造为人物和动物的小雕像，并且将它们在炉子中烘烤为硬的陶瓷。没有人知道他们是何时学会用黏土塑形来制造瓦罐的，但可以确定原始的黏土碗制造于 8000 年前的中东。种种对于日益完善的陶瓷的考古发现，向我们讲述了很多关于早期文明的境况。这些与真人大小一样的兵马俑，在中国第一个皇帝——秦始皇时期（公元前 259 年—前 210 年）被掩埋于地下，主要用于守卫秦始皇陵。

由于突出的岩石而免于侵蚀的砂岩正面

用于建筑的岩石▶

最早由人类建造的掩蔽处，是由枝条和泥构成的临时建筑物。随着人们定居生活（在城镇中耕作或生活）的开始，他们想要修建耐久的房屋。在最早的城市中，人们用风干的泥制砖头建造自己的房屋，如大约在 9000 年前建造的加泰土丘（现在土耳其境内）。巨大的金字塔是世界上最早的石头建筑物，它们是为古埃及的法老所建造的坟墓。建筑物有时会开凿于岩石之中，例如那些建于公元前 4 世纪的位于约旦的佩特拉城（如图中所示）。

16 世纪西班牙的都布隆

◀金属钱币

伴随最早的人类定居，贸易变成了人类生活的一部分。人们需要具有固定价值的流通物（货币）。最早的货币由贝壳或珠子制成，后来被耐用、有价值且易于熔铸成规则形态的金属所取代，如金和银。最早的硬币可追溯到公元前 7 世纪，它们发现于吕底亚（现在土耳其境内），是由银金矿（一种金和银的混合物）制成的。都布隆（一种旧金币的名称）和其他西班牙硬币都是由采自中美洲的黄金所制成的。

具有典型古希腊建筑风格的佩特拉金库

危险矿物

一些矿物在很早以前就已经被认定为危险品，如有毒性的砷。如铅一类的其他矿物，已经成为比较神秘的杀手。古罗马人很有可能就是因用铅来铺设水管而中毒。在 16 世纪的欧洲，包括女皇伊丽莎白（如图中所示）在内的贵族妇女，都使用由白铅矿（白色的铅）制成的糊状物来擦脸以获得时髦的苍白色面容。然而，白铅矿具有灼伤面部的腐蚀性，并会留下痕迹和疤痕。

用来称食盐重量的天平

▲珍贵的食盐

食盐（来自于岩盐）同时作为健康保障和一种食品的防腐剂，自古就被视为一种珍贵的矿物。在撰写于 1578 年的一本中国药剂学书籍——《本草纲目》中，介绍了有利于保健的盐的用量。古埃及图画中展现了盐的制作，它在当时曾被视为一种重要活动。一种定期支付给罗马士兵的盐津贴，在当时被称为购盐证券。甚至在中世纪，人们所获得的一种薪水也以盐的形式存在，如这张 14 世纪的画中所描绘的一样。在当地宴会中，地位较低的人坐在餐桌旁“远离盐的位置”，这就表明，盐也显示了一个人的社会地位。纵观历史，为获取宝贵的盐储备而不惜一战的例子同样屡见不鲜。

宝石

大多数矿物颜色暗淡或由小晶体组成，然而也有少数矿物具有美丽的颜色并能形成大的晶体。这些宝石的多彩、闪耀和稀有，使它们成为跨越文化和时代的珍宝。在 4000 多种矿物中有 130 多种能够形成宝石。其中价值较高的是钻石、祖母绿、红宝石和蓝宝石，它们被称为珍贵宝石，并因其光彩（明亮）、稀有和坚硬而被人们所珍视。较为常见的宝石，如绿柱石、石榴石和橄榄石等则被归为半宝石。

通过这颗石头的正面将光反射

“美丽年代”钻石项链（20 世纪）

明亮式琢型的无色钻石

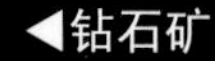

◀**钻石矿**

天然钻石具有难以置信的古老年龄，大部分是在 30 亿年前形成于地球内部高温高压的深层环境中。随后，其中的大多数钻石经由填充有金伯利岩的火山孔道被带至地表。但是，世界上最大的钻石矿——澳大利亚西部的阿盖尔矿（如图中所示），所产的钻石采自钾镁煌斑岩。

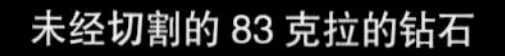

未经切割的 83 克拉的钻石

钻石珠宝▶

大部分钻石纯净无色，但它们蕴藏了可以生动闪耀的彩虹般的颜色。这是当光线从不同角度照射时，由光的折射和色散所引起的现象。当珠宝商将钻石切割制作成像这条项链一样的珠宝时，他们致力于使其具有最闪耀的“火彩”。

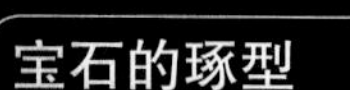

宝石的琢型

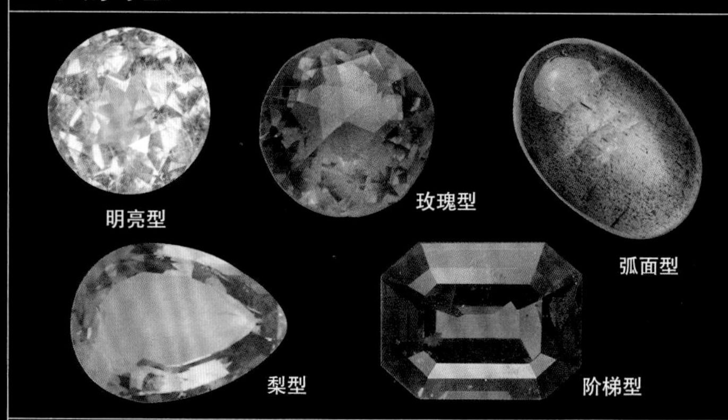

明亮型

玫瑰型

弧面型

梨型

阶梯型

用不同风格的琢型来展现石头最美的特性。不透明或半透明的半宝石被切割成典型的平滑椭圆形，即上面为突起的圆弧，而下面为平面，被称为弧面形宝石。清澈的珍贵宝石，通常被切割出一系列镜面般的琢面（表面）来使其闪耀出光彩，例如钻石。阶梯琢型用以展现宝石的色调（颜色），主要应用于如祖母绿和红宝石等彩色宝石。而所有其他的琢型都是这两种基本琢型的变型，例如，梨型是具有一个大平面的梨状琢型。

◀**宝石的查看**

宝石看起来通常为色泽暗淡的卵石，直到它们被宝石工艺师（宝石切割师）切割并抛光。这是十分精密而细致的工作，通常在放大镜下进行。为了切割成光滑的小刻面，粗糙的宝石被粘在一个小棒顶端，并被放在一个旋转的抛光轮盘上。

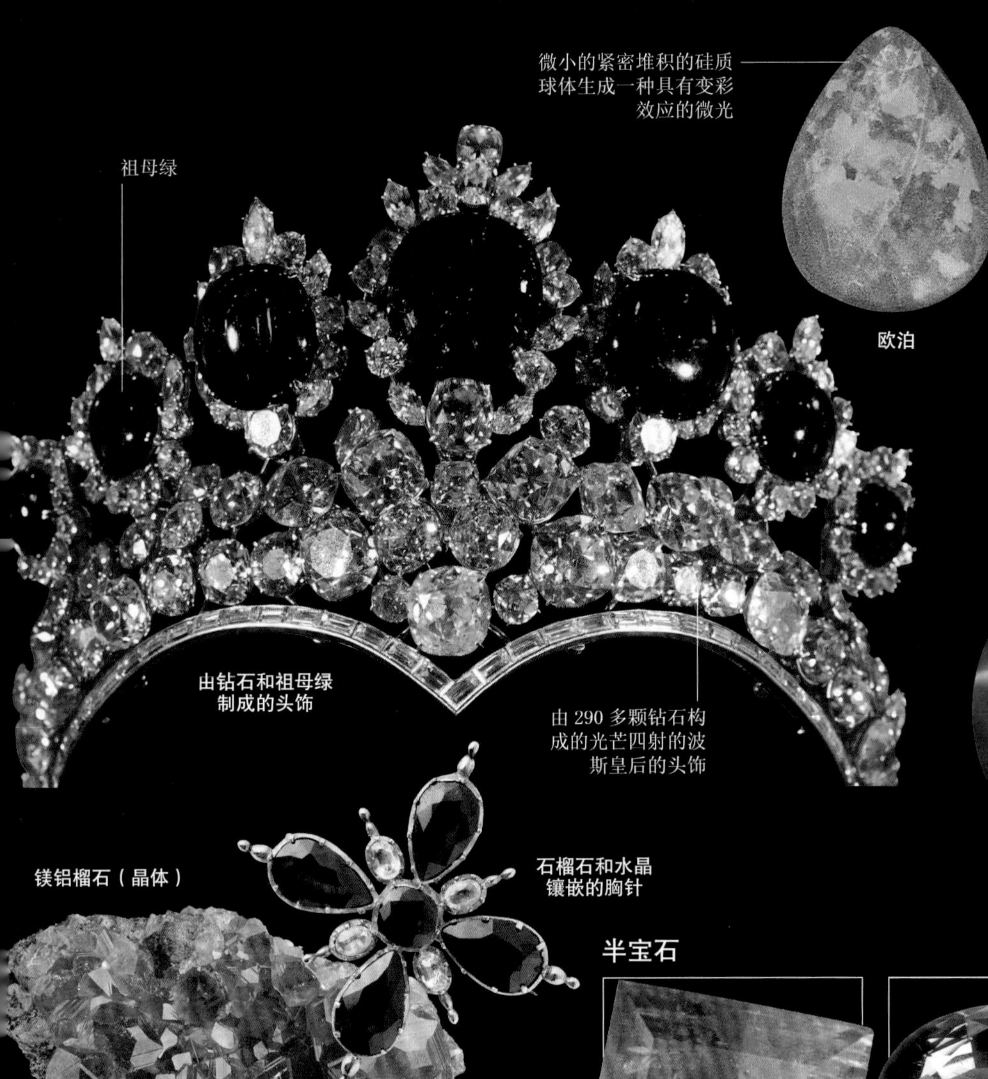

欧泊

◀闪闪发光的珠宝

宝石不仅具有多彩的颜色，而且多数在光照下还闪烁出多种光芒。最好的欧泊展现出一种非凡的彩虹般的色彩闪变，被称为“变彩”，它是由宝石中的微小硅质小球发生光的衍射（分解）而引起的。星光蓝宝石展现出星形的线条，这种现象被称为星光效应，它是由宝石内部细小的针状金红石对光的反射而形成的。图中所示的珠宝商制作的一个头饰，当佩戴者步入灯光明亮的跳舞场或贵宾厅时，头饰上所使用的不同琢型、颜色及组合的宝石可令人陶醉。

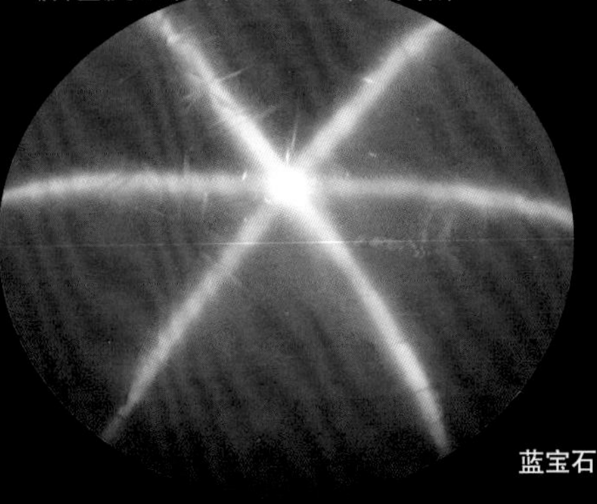

蓝宝石

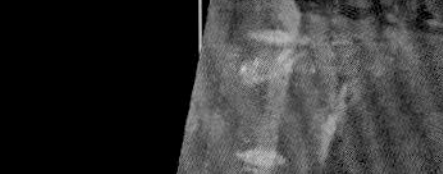

镁铝榴石（晶体）

石榴石和水晶镶嵌的胸针

▲来源于地球深层的宝石

处于地下深层极大的压力和高温下的特殊化合物能够生成坚硬的深色宝石，如橄榄石和石榴石。有很多种不同的石榴石，它们的化学式十分多样。在这个胸针中的镁铝榴石为血红色，是由于含有一些铬元素；当钙铝榴石为橙色或粉色时，则是由于含有微量的铁和锰元素。

半宝石

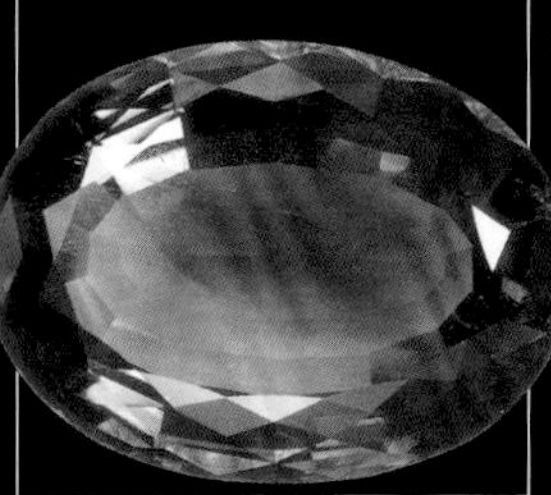

碧玺

碧玺（电气石）在所有宝石中具有最广的颜色范围。甚至有一侧为粉红色而另一侧为绿色的晶体，如图中所示。因为粉红色和绿色看起来像西瓜的瓜瓤和瓜皮，所以将其称为西瓜碧玺。碧玺因俄国沙皇的喜爱而具有很高的价值。

紫水晶

紫水晶是一种由常见石英矿物所构成的宝石品种，其颜色变化范围为从浅紫红色到深紫罗兰色。这些颜色是由铁杂质所致。最好的紫水晶产自巴西、印度和俄罗斯，它们被发现于晶洞（岩石洞穴）中。最大的紫水晶晶洞大到足够在其中爬行。

托帕石

托帕石（黄玉）具有从无色到红色的一个宽泛的颜色范围。无色的托帕石很容易被误认成钻石。如图中所示的深橙色托帕石被称为红锆黄玉。托帕石晶体形成于火成岩中并且可以生长得很长。到目前为止最大的托帕石发现于巴西，重达 272 千克。

◀有机宝石

有机宝石是由生物体形成的宝石，而不是形成于地层中的矿物。它们包括珍珠（如图中所示）、琥珀和煤玉。珍珠形成于贝类（如牡蛎）——尤其是那些生活在暖水海洋中的贝类——的贝壳内。它们一般呈层状生长，围绕沙砾而构筑。如果一个珍珠被锯成两半，在显微镜下就可以观察到这些生长层，就像洋葱的层。珍珠形成的时间越长，其个体越大。

白色珍珠

牡蛎贝壳

人造宝石▶

宝石由于稀少或难于从岩石中获取而具有价值，因此人们已经尝试以人工的方式生成宝石。现在大多数宝石都可以通过熔化其所对应的化学物质，并使其在特定条件下结晶的方法合成出来。许多合成宝石很难与真正的宝石相区别。立方氧化锆“仿钻”是由锆的氧化物晶体制成的，它几乎与真钻石具有一样的光彩。

立方氧化锆

玛瑙

装饰品

18 世纪的鼻烟盒

除制成宝石以外，许多其他岩石和矿物也被用作装饰品。它们虽不像宝石一样清澈和闪耀，但通常具有生动的颜色和图案。装饰性石材被采掘出来用以装饰建筑物的正面。只要抛光好且具有抗风化性，几乎任何岩石都可能具有装饰性。装饰性石材的典型范例包括大理石、石灰石、石灰华、板岩和花岗岩。多彩的非珍贵矿物被用于雕刻装饰品、雕像和较多的功能型用品，这些矿物包括玛瑙、缟玛瑙、玉石和碧玉。

玛瑙▲

玛瑙是一种具有条带的玉髓，是最流行的装饰矿物之一。在 16 世纪，大规模的玛瑙装饰品工业在德国的伊达尔·奥伯施坦地区兴起。环状玛瑙是指带有环形条带的玛瑙，用它制成的装饰品给人以特别深刻的印象，如这个 18 世纪的鼻烟壶。如今，大部分用于装饰功能的玛瑙由人工染色而获得。

▼缟玛瑙

缟玛瑙是一种具有黑色和白色相间条纹的玛瑙，红色缟玛瑙具有白色和红色相间条纹。缠丝玛瑙（如下图所示）则具有棕色和白色的条纹。缟玛瑙在罗马时期就已广泛用于雕刻，罗马人将任何能用于雕刻的美丽石头都称为缟玛瑙。这个雕刻的鼻烟壶制作于 19 世纪的中国。

缠丝玛瑙

▶碧玉

碧玉是一种具有斑点的砖红色石料，属于石英质玉石。它的确是一种硅质（沉积）岩石，它在石灰岩中形成坚硬的结核。红色的碧玉（如图中所示）由微量铁元素致色，绿色碧玉则由微小的纤维状阳起石矿物致色。它在发掘时的颜色十分暗淡，但经抛光后的颜色很美。碧玉质的卵石在湿润时，会发出动人的闪光。

碧玉

18 世纪的花瓶

玉石▶

玉石可用作装饰物品，有软玉和硬玉之分，玉石由一种或一种以上的矿物组成，它们可以呈白色、无色或红色，然而最广受欢迎的玉石是浅祖母绿色的翡翠。玉石在中国备受珍爱，几千年来，它曾被雕琢成珠宝首饰、装饰品和小摆件。中国最著名的考古发现之一是汉代中山靖王刘胜和窦绾夫妇墓，可追溯到公元前 113 年。这两具遗体都分别穿有一件由 2000 多块小玉片组成的玉衣，玉片之间用金线连接。当时的人们认为玉能够使他们的躯体免于腐烂（就连带有罪恶灵魂的躯体也可以受到保护），并使他们永存。

窦绾的玉衣

◀防水装饰物

有些石头不仅坚韧、多彩，还具有防水和良好的导热性能。这使它成为温暖气候条件下，装饰盥洗室和庭院的完美材料。来自喷泉和浴室的水可以在不损坏任何东西的情况下从石头上流过。这类石头具有良好的导热性，可以快速散热，所以在触摸时会感到凉爽。

岩石雕刻▶

在数千年的时间里，石雕技术只发生了少许变化，主要工具仍是钢制的凿子和锤子。一些雕刻师会使用气动锤，但其基本技术还是一样的。将凿子在石头上重击，同时将小块的岩石凿落。

白色大理石▶

从古希腊开始，白色大理石就已经成为人们最青睐的雕刻材料。这个引人注目的大理石骏马雕像，大约于公元前490年出自雅典的卫城。像所有最好的白色大理石一样，它有一种奶油般的白色光泽，因为它不是完全不透光，光线大概可以穿透到其表层的1英寸（2.54厘米）处，从而反射出光亮。

◀岩石表面

花岗岩的强度和耐久性使其成为一种重要的建筑石材。除此以外，它丰富的颜色与迷人的大颗粒斑点也使其成为一种流行的装饰石材，特别是在被切割成平面并抛光后，经常用于铺设外墙。它是一种低保养石材，具有防渗和耐热的性能，这使它成为一种制造地板砖和厨房台面的理想材料。

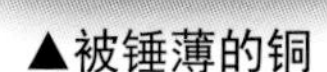

历史上的金属

大约在 6000 年前，古老的文明社会首次使用金属，与人们将自然金和银打造成装饰品属于同一时期。不同的人类文明迅速发现了岩石中含有许多其他金属，其中包括铜、锡、铁和铅。每种金属都具有其独一无二的特征，耐久性和延展性使它们变得特殊，它们可以被制成从简单武器、工具到巨型机械的任何东西，并且十分耐用。这些性质促使金属在人类技术的进程中扮演了重要的角色。

▲被锤薄的铜

铜是首先用于日常用品制造的金属之一，这是因为它较早地被从地层中挖掘出来。像金一样，铜可以被打造成型，如这个因纽特人的刀刃。据来自美国苏必利尔湖的证据显示，古时候的人大约于 6000 年前开始采掘铜，被称为“古铜文明”。数千年来，铜一直是印第安人所使用的主要金属。

▲青铜的发现

在将铜与砷混合后，人类又学会了将铜与锡混合以制成青铜，这是在金属加工中的一项突破。青铜时代始于约公元前 3000 年前，即在亚洲西南部发现青铜的时代，一直延续至约公元前 1000 年前铁的首次广泛应用为止。如这里所示的青铜壁缘，可追溯到公元前 840 年前，附着于巴拉瓦特（位于现在的伊拉克境内）的亚述城的巨大木门上。

◀铜的熔炼

最早被人类使用的金属是自然金属。在大约 5000 年前，金属工艺师首次发现从矿石（含矿岩石）中获得金属的方法。因为自然金属较稀少，所以这个发现成为一次重大的飞跃。它们将矿石加热，直至其中的金属熔化并且以液态方式流出，这副木版画中就展现了这个名为“熔炼”的过程。将这些矿石填入炉中的工人都戴有安全面具，以避免烟熏。铜是被熔炼的第一种金属，取自富含铜的硫化物矿物，如黄铜矿。

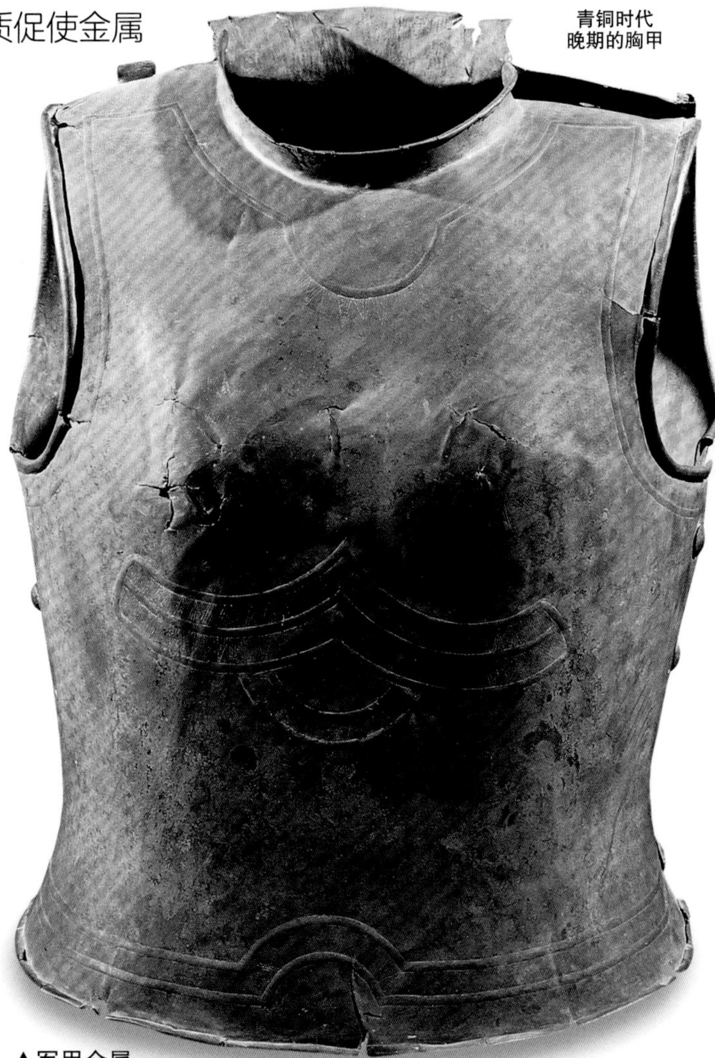

▲军用金属

铜用于制作刀片质地太软，早期文明发现在铜中加入锡会使其变得更坚韧，这种铜与锡的合金被称为青铜。最早的剑和盔甲都是青铜质的。古希腊对小亚细亚特洛伊城的进攻，可能就是为了赢得这座城市中著名的青铜贸易的控制权。青铜被流动的希腊商人带到欧洲的其他国家，在那里造出了这种胸甲。

公元前 5000 年 | 锤薄的铜应用于欧洲和亚洲 | 公元前 4000 年 | 青铜应用于中东 | 公元前 3000 年 | 青铜应用于欧洲 | 公元前 2000 年

◀新德里的铁柱

制造青铜所遇到的问题是：锡比较稀少且昂贵。大约在 4500 年前，安纳托利亚（今土耳其）的希泰族人学会了铁的熔炼。当时铁矿石相对较常见，并且比较便宜。炼铁工业始于约 3500 年前的印度，这个 7 米高的铁柱位于印度的新德里，树立于公元 5 世纪的笈多王朝。用来制造柱子的铁的品质很纯，尽管在温暖潮湿的气候条件下也根本不会生锈。

梵文碑铭表明，这根柱子的树立是为了追忆旃陀罗笈多国王

炼金术

早期的化学知识来源于炼金术士的工作，包括对于金属与酸的特性的认识。这些早期的“科学家”对寻找将普通金属（如铅）转化为贵重金属（如金或银）的秘诀很感兴趣。一些炼金术士曾经尝试通过试验来寻找长生不老的秘诀。炼金术士对能与其他金属结合以制造彩色粉末的水银特别感兴趣。炼金术的研究始于古埃及，在中世纪已经遍布亚洲并传入欧洲。

钢铁时代▶

铁可以通过加热与碳形成合金，从而转变成一种被称为钢的更坚韧的金属。印度的金属制造工人在 2000 年以前就发现了这种方法。尽管如此，直到 18 世纪末这一大量生产铁和钢的方法才在英国得到发展，从而引发工业革命。英国的第一个铁加工厂（图中所示）修建在柯尔布鲁克代尔。由此产生了现代的处呼呼声、叮当声并冒着烟的机器，从蒸汽机车到纺织机。

烟囱喷出有害的污染物

炼铁厂通常设立在临近煤和铁矿石供应点的地方

铸铁为工程师创造出更大、更牢固的结构提供了可能

◀建筑物中的铁

早期的铁通常经手工锻造成型，铸造的过程是往模具中注入金属液体，这种方法的使用可追溯到公元前 6 世纪的中国。但在工业革命期间对金属需求的增加，导致了大规模铸造技术的发展。虽然早期的铸造铁比锻造铁更脆，但它还是用于大量生产机器零件。工程师们也发现铸铁很坚硬以至于可以用来建造桥梁、建筑物和其他承重的建筑。这座位于英国柯尔布鲁克代尔的 18 世纪的拱桥，是世界上第一座铁桥。

代开始于土耳元前 1200 年）　公元前 1000 年　铁应用于欧洲　铁制造工艺在中国的发展（公元前 500 年）　公元元年　锻造铁产品自公元 500 年开始广泛分布　1000 年　铁和钢的大规模生产导致工业革命（1700 年）　2005 年

现代金属

金属在现代时期，与其在青铜时代和铁器时代中一样，仍为一个较大的组成部分。金属几乎在我们生活的每个领域都扮演着角色。运送我们的汽车、火车、飞机和轮船都由钢制成；铜线输送的电子信号，可为从电脑到路灯的每样东西都提供动力。像铁、钢、铜、锡和铅这样的许多金属都已经为我们所了解，并且使用了数千年。尽管如此，少数重要的金属已在近代被人们所发现，如铝和钛。一种完整的新合金主体已被开发出来，以满足现代技术的需要。

▲钢合金

钢是加入微量碳和其他物质后所得到的更坚韧的铁。应用最广泛的钢是碳钢，它含有不到1%的碳。用于汽车主体的低碳钢含有0.25%以下的碳。其他的钢合金则通过加入微量其他金属（如钨）而制成，其他金属的加入可使钢具有一些特殊的性能。锰和钨通常用于增加钢的强度，钼用来使钢耐高温，镍和铬用来使钢抗腐蚀（生锈）。钢合金曾用于制造英国巨大的伦敦眼摩天轮，它含有用于增大强度的钛和抗腐蚀的铬。

▲钢产品

钢由巨大的钢铁厂制造，用废钢或熔化于熔炉中并注入模具中精炼的生铁来制成钢板。这些钢板随后被重新加热，并卷成瘦长条（如图中所示）。生铁是直接从鼓风炉中获得的熔融态的铁。尽管如此，它含有4%～5%的碳和其他杂质，它很硬也很脆，以至于它几乎是无用品。为了生产钢，大部分杂质必须被清除。许多现代钢铁厂使用碱性氧气炼钢（BOP）。这个过程包括将氧的喷射物吹到熔化的铁上来氧化过量的碳，使其转变为二氧化碳气体。

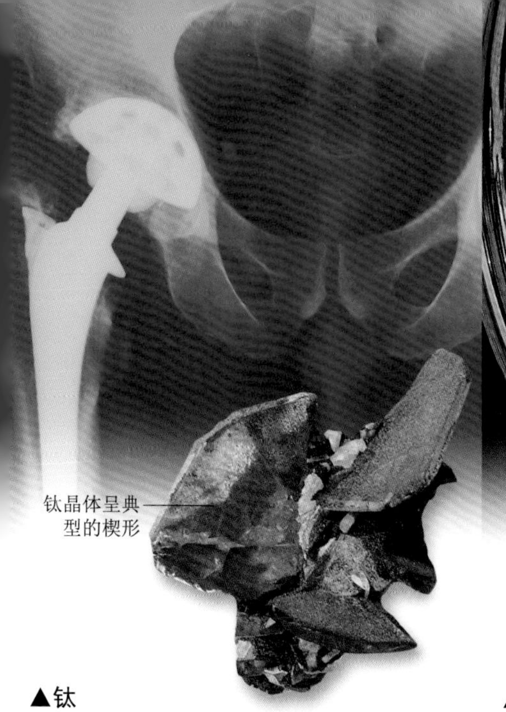

▲钛

尽管钛在地球上十分丰富，但直到18世纪90年代才发现钛铁矿和金红石（主要的钛矿石）。如今，对于现代科技来说，钛是最重要的金属之一。它抗腐蚀，比钢更坚硬并且几乎和铝一样轻。它被用于从飞机合金到人造髋关节置换部件的一切事物中（如上图所示）。

▲铬

作为铬元素来源的铬铁矿，发现于全世界的各个地方。将铬元素添加到钢中，就制成了闪亮、坚韧且具有强抗腐蚀性的不锈钢，铬的含量从10%～26%有所不同。铬也用于日常金属用品的电镀，使它们具有持久光亮的外观，如浴室的水龙头、轮毂盖（如上图所示）和咖啡机。

▲锌

闪锌矿和菱锌矿是主要的锌矿石。锌在罗马时期就已经被人们所使用，当它与铜化合时就制成了黄铜。如今，锌主要用于对钢的电镀，这是一种可以使钢免于生锈的薄的保护膜。锌的化合物也用作遮光剂（如上图所示），将强烈的光线反射出去，以保护皮肤。

◀铝

铝是地球中含量最丰富的金属，也是用途最广泛的金属之一。它的高电导率、低比重和抗侵蚀性意味着它对从高架电缆（如图中所示）到食品包装的很多产品都具有一定的应用价值。然而，铝土矿（含铝的矿石）直到1808年才被发现，并且从含铝矿石中提炼铝的方法也是到1854年才被发现。铝土矿并不是与其他矿石一样的坚固岩石，而是一种发现于热带的风化而成的疏松矿物，这种矿物被称为红土。

开采的问题

现代采矿方法在很多地区留下了巨大的坑洞，污染了湖泊和河流。这里展现的是从当地煤矿溢流出的废水流入小溪后，又流入美国俄亥俄河的景象。矿石中的黄铁矿使水流呈红棕色。在2000年，仅美国的金属开采工业，就向环境中排放了1.5万吨的有毒废物。

富含钛合金的机翼坚韧而轻便

▲现代合金

航空工业对更坚韧、更轻的金属的需求，已推动了许多新合金的发展。很多合金都含有钛或铝。一架如图中所示F-16XL这样的战斗机，可能含有占其总重量10%的钛，并含有至少12种合金，每一种都履行了其自身的职责。仅就新型A380超级空中客车而言，就使用了三种全新的铝合金，使用钴、铪、钼和钛，以增加强度和韧性，并同时提高了抵抗压力和侵蚀的性能。

工业用矿物

许多矿物被用于工业中。一些像石英、硅石和石膏等矿物，都是从如石灰岩、黏土和页岩等沉积岩中采掘出来的。对于建筑来说，这些矿物中的许多品种都很重要，因为它们为制作水泥和混凝料（大量的碎石和沙砾）提供了所需的物质，而将水泥和混凝料混在一起就可以制成混凝土。其他矿物则用于提炼金属或为电站提供所需的煤。大量的矿物也应用于玻璃、颜料、陶瓷、电子元件、药品和许多其他产品的制造。

石膏

▲石膏灰泥

大多数现代灰泥都是由石膏研磨成的粉制成的，先加热使其干燥，然后再加入水。石膏灰泥被古埃及人用于粉刷宏伟的吉萨金字塔。直到最近，许多欧洲和北美洲的建筑物仍使用传统的石灰（由加热后的石灰石组成），它可以使建筑物更柔和、更光滑且更白，但是它需要很长时间来晾干。石灰也用于壁画和制造装饰模型的表面。如今，很多建造者使用石膏灰泥（如上图所示），因为它很快就可以风干而变得完全坚硬。

◀方解石（白垩）

大多数石灰岩主要由方解石（碳酸钙）构成。白垩是近乎纯的方解石。方解石是一种非常有用的矿物，从古时候就被人们所知。它是水泥和肥料中的关键成分。纯的细粒土状方解石被称为白垩，它广泛用作陶瓷、绘画、造纸、化妆品、塑料制品、漆布和油灰中的填充物或染料。

方解石

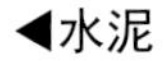

◀水泥

水泥是将砖块固定在一起的“黏合剂”。古罗马人在公元126年，用它制造了意大利罗马的万神殿的屋顶，这是世界上第一个混凝土圆屋顶。为了制造水泥，他们将潮湿的石灰与从波佐利市附近获得的火山灰混合。如今，水泥由石灰石（方解石）、硅石、矾土、石膏和氧化铁的混合物制成。水泥也有助于将混凝料（如沙子和沙砾）结合起来成为混凝土。

由混凝土（一种水泥、沙和碎石的混合物）制成的万神殿的圆顶

▲用石灰中和酸化的湖泊

当石灰石在石灰窑中加热，变成生石灰。当生石灰和水混合时，它会变热且膨胀，使其看起来“十分活跃”。在加入水后，生石灰会变为熟石灰，由于这种石灰已被消渴，所以不会再和水发生反应。石灰被广泛用作肥料，并在水和污水处理中以降低酸度。最近，将石灰用于抵消一些酸雨的影响。酸度高会杀死湖中生命，将大量的生石灰喷洒到受酸雨影响的湖中，以起到一种中和酸度的效果。这种做法只有在小的湖泊中取得成功。

◀高岭土

高岭土或中国黏土，是一种松软的白色黏土，它是根据几个世纪以来出产这种黏土的位于中国的一座山而命名的。它为瓷器和纸张的白度提供了基本材料，主要由高岭石矿物组成，但含有微量的其他矿物，如长石。堆积物主要由富含长石的岩石经风化而形成。在南美洲，鹦鹉舔食高岭土，以中和它们所食用的一些热带水果和种子中的毒素。

瓷花瓶

由硅石制成的玻璃

像糖浆一样流动、易于造型且吹制成型的熔融态玻璃

混凝土▶

混凝土是所有建筑材料中最便宜、最坚韧且用途最多的材料。几乎每个建筑工程都使用混凝土。它由成块的名为混凝料的坚硬材料构成，并由水泥凝固到一起。混凝土的特性，部分依赖于水泥的混合，但主要还是靠混凝料的种类来决定。普通的混凝料包括沙子、碾碎或破碎的石头、沙砾、锅炉灰以及煅烧黏土。

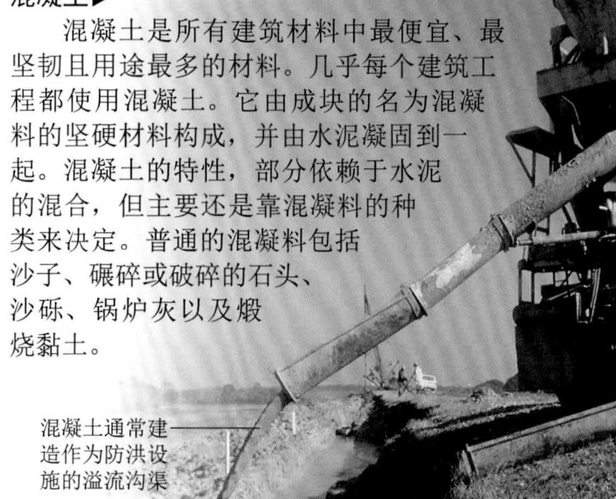

混凝土通常建造作为防洪设施的溢流沟渠

▲硅石

硅石是由二氧化硅组成的一类矿物的名称，二氧化硅是一种由地壳中两种含量最多的元素（硅和氧）所形成的化合物。硅石以多种形式产出，其中最常见的是石英。石英十分常见，可以在所有矿物和石材的采掘物中发现，并且它是许多现代技术中的关键成分之一。它用于玻璃制造（图中所示）、涂料业、塑料制造、胶、化妆品、铸造业、混凝料、石油开采、农业以及电子产品。

常用的工业矿物

滑石

滑石是地球上最软的矿物，它通常生成于一种名为皂石的低硬度岩石中。皂石被用于雕刻且制成装饰品已有很长的历史。粉末状的皂石（滑石粉）本身就可以用作干燥剂，除此以外还用于制造化妆品、颜料、润滑剂和陶瓷。

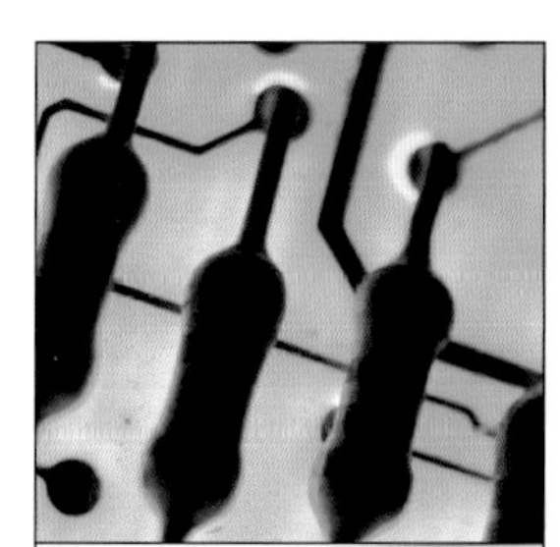

云母

云母是一种很重要的矿物，几乎生成于每种岩石中。最常见的应用品种是白云母和金云母，它们很容易剥开成薄片，具有耐热性和绝缘性。这使云母成为绝缘电子元件的一种理想选择，例如图中的这个电路板。

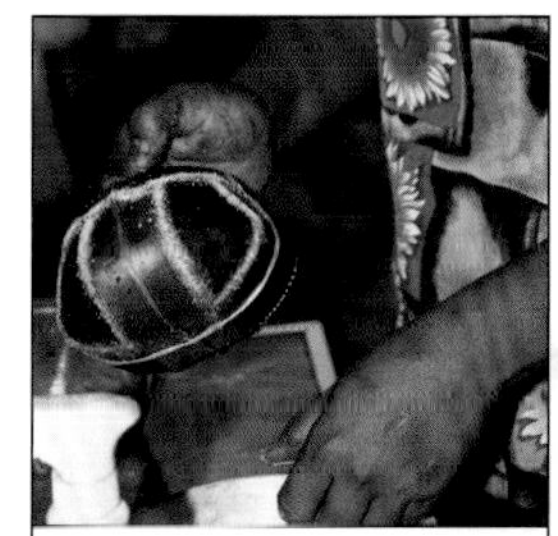

硼砂

硼砂是一种由矿物组成的轻且松软的化学药品，如硬硼钙石和贫水硼砂。其中大量来源于地壳，它形成于美国加利福尼亚的湖泊周围蒸发岩沉积物。硼砂还具有广泛的工业用途，其中包括陶瓷、玻璃器具和金属器具（图中所示）的制造。它过去常用于熔焊金属缝合线。

家居中利用的矿物

现代住宅几乎全部由从矿物中提取的物质而建造。唯一的例外是用来作为屋顶、地板和支撑结构的木材。支撑房屋的地基由混凝土（沙砾、沙子和水泥）组成。墙体由砖（黏土）与灰泥（石灰石）结合而成。屋顶的瓦片（黏土）和塑料排水系统（油）将水排出。在房屋内部，用来加热和洗漱的水通过金属管（铜）被抽到房屋的各处。用陶瓷（黏土）或金属（不锈钢）质水池、浴缸和加热器来保存水。由玻璃（硅石）制成的窗户为室内提供自然光，同时电线（铜）也为房屋提供了人工照明、通信和其他电力供应。

家居中的矿物▶

每栋现代房屋都由经过加工的大量工业矿物构成，如石膏、石灰石和一些金属（如铜和钢）。天然岩石通常用于装饰厨房和浴室，如花岗岩和大理岩。在过去，房屋通常由当地的已知材料建造而成，而在现代房屋中，几乎不可能确定那些矿物的来源。仅洗手盆可能含有加利福尼亚州的硼酸盐、俄罗斯的钾长石和捷克的高岭石。

▲灰泥（水泥、沙子）

灰泥是一种水泥、沙子和水的混合物，它在建筑中用于将砖块或石头黏固到一起。水泥过去通常指波特兰水泥，它发明于1824年，是一种由细石灰（由加热石灰石得到的氢氧化钙）和黏土或页岩组成的混合物。

▲瓦片（黏土）

在过去，许多房顶被石板覆盖。如今，大多数的屋顶由黏土瓦片覆盖。从传统意义来看，黏土瓦片由手工制成，保留了天然的颜色变化。而现代的瓦片是由机器制造出来的，颜色都一样，并且在高温炉中烧制而成。

▲管（铜）

管子可以为浴室和中央供暖提供热水，它通常由铜制成，因为铜便宜且易于塑形。但是铜对于饮用水管来说，不是很好的选材，因为太多的铜对人体而言是有毒的。

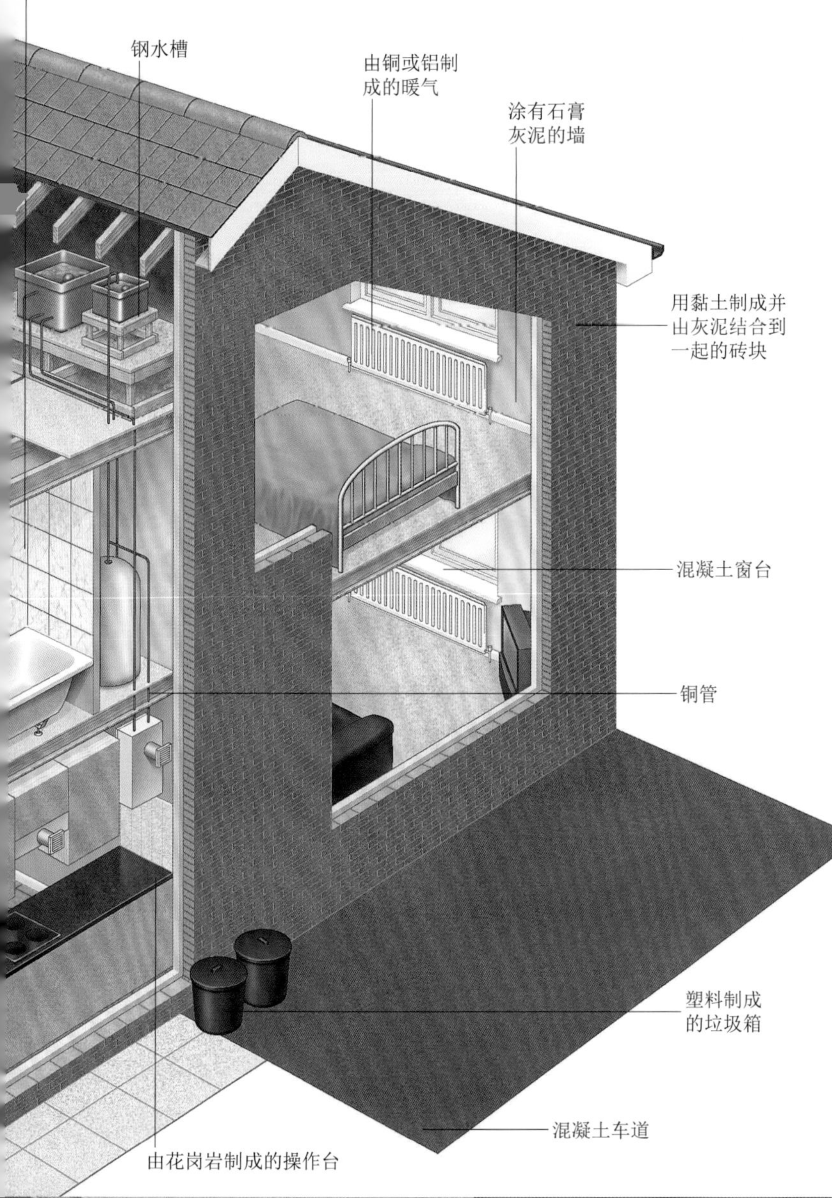

环保建筑

大多数房屋仍使用砖块来修建，而在最近几年，人们已经开始尝试其他替代建筑材料。这个合乎环境要求的舒适房屋，部分由稻草捆制而成，它的隔热性能很好，只需要很少的热量。上层的地板覆盖着由纤维玻璃布制成的填有棉絮的被单，以便阻隔噪声。这个房子坐落于填有水泥的沙袋上。枝条和金属的围墙，自然与再生材料的混合，共同组建了这座私人居所。这座房屋部分采用太阳能供电。

砖块▶

最早的砖块由泥河堤中的泥制成，这种泥以模具制成砖并且在太阳下晾干。将黏土放在干燥炉中加热，而后用以制造更硬的砖块的方法，最早是在 3500 年前被人们所发明的。如今，砖块的基本制造过程一样，但同时应用了范围更广的黏土，包括河流黏土、页岩和从地层中采掘的耐火黏土。

▲玻璃（硅石）

窗户中的玻璃片由硅石、苏打粉、石灰和大量体积微小的氧化镁制成。加入其他的材料以去除由微量铁所导致的绿色调，如硒或钴的氧化物。这样有助于为我们提供一个清晰的视野。

▲颜料（二氧化钛）

过去，人们将颜料混入建筑用漆。但是对于 20 世纪或者更久远的时代而言，大多数房屋已使用现成的颜料来装饰，由亚麻子油、松节油、多彩的颜料和基质组成。其中的基质曾经是铅，但因为铅具有毒性，而换为现代所使用的二氧化钛。

▲定做的厨房（花岗岩，黏土）

质量最好的厨房往往是由花岗岩组成的工作台面。花岗岩因其耐久性、耐高温性和外观而具有价值。光滑的瓷砖（黏土）可保护墙体远离水和油脂侵害。不锈钢（铁）用于制造炊具和水槽。

由腐烂的植物和有机物质构成的黑色腐殖质

表层土富含腐殖质（腐烂的植物）

下层土缺乏腐殖质

▲土壤中的矿物

土壤是一种有机物与矿物（如硅石和氧化铁）的混合体。大部分土壤都含有植物所需的所有矿物质。尽管如此，这些矿物并不总以可被有效利用的量而存在，这就是一些土壤比其他土壤更加肥沃的原因。随着土壤的成熟，它会发育出不同的层，含有不同的矿物质。在有大雨的区域，矿物通常渗滤到更深的土壤层中。

生命所需的矿物质

地球上的每种植物和动物的生存及成长所需的基本营养物质都依赖于矿物。植物从磷、钙和钾中获取营养，其余还有较少量的铁、钴、锌、硼、镍、锰和铜作为补充。植物通过其根部从土壤中吸收这些矿物质。包括人类在内的动物则主要依赖于铁、钙、钠和钾等矿物。它们通过所食用的食物来获取其所需的大部分矿物质。

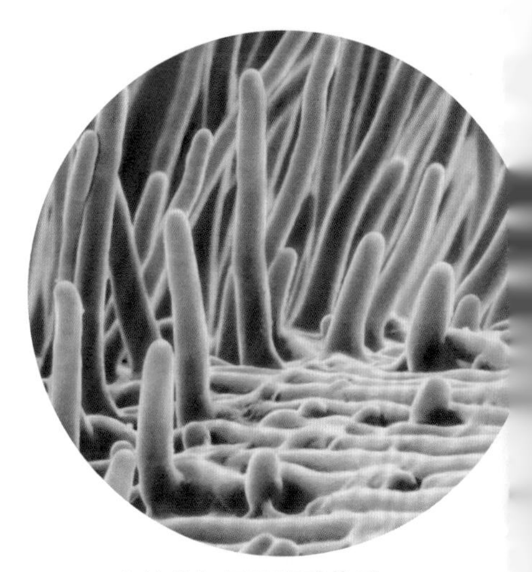

▲植物如何获取矿物质

植物具有表面积巨大的侧根，这些根主要用于从土壤中吸收富含矿物质的水。每条根都被显微的根毛所覆盖，这些根毛吸收水分并连续不断地为需要水的茎和叶进行补给。

▲食草动物

食草动物完全依靠植物为其提供所需的矿物质，如河马和母牛。虽然有时食草动物也会缺钙和磷，但令人惊奇的是，植物几乎能够提供所有那些它们所需的矿物质。食草动物通常会舔食盐的沉积物以补偿对盐（氯化钠）的缺乏。

▲食肉动物

食肉动物依靠肉类为其提供所需的矿物质，如狮子和熊。肉类富含大部分动物所需的保持身体健康的矿物质，包括钙、铬、铜、铁、硒、硫和锌。但肉类缺乏另外一些至关重要的矿物，如盐、钾、碘和锰。为了保持身体健康，食肉动物通常会补充食用一些含有这些重要矿物的植物类食物。

◀食物中的矿物质

科学家已经证实了 16 种人体所需的保持身体健康的矿物质。大量的基本营养矿物包括钙、钠、氯、锰、磷和钾，这些矿物是我们所需要的。少量的铁和锌也是我们所需要的。而人类对于某些矿物却只需要微量就足够了，如硒、锰和碘。不同食物含有不同量的矿物，然而，同样的食物因其所生长土壤种类的差异也能够含有不同量的矿物。这幅图就展示了几种食物及其能够提供的矿物和维生素。

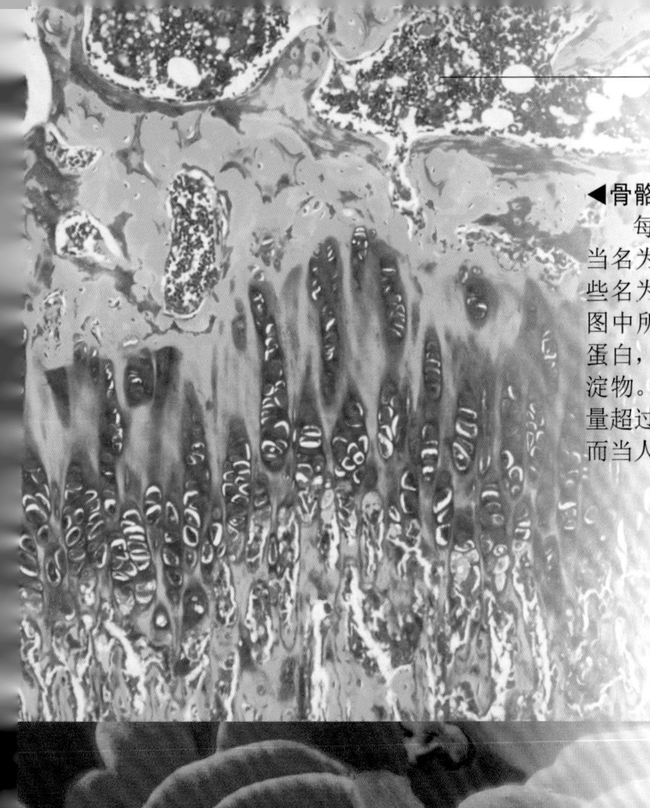

牛奶是最好
的钙源之一

◀骨骼的形成

每年都有十分之一以上的骨骼在被替换。当名为造骨细胞的细胞生成新的个体时，这些名为破骨细胞的细胞便将死细胞清除（如图中所示）。造骨细胞生成了有弹性的胶原蛋白，并且留下了使骨骼坚硬的钙和磷的沉淀物。在年龄小的孩子体内，造骨细胞的数量超过了破骨细胞，因而有更多的骨骼生成。而当人变老时，这种平衡便会颠倒过来。

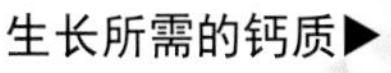

生长所需的钙质▶

对于儿童骨骼和牙齿的生长来说，钙和磷是至关重要的矿物质。这就是鼓励儿童饮用牛奶并食用奶酪和深绿色叶子蔬菜（这些食品都富含钙质）的原因。磷发现于大多数植物和动物蛋白质中。

◀血和铁

红细胞（如图中放大图像所示）是将氧运送到全身的细胞。氧由一种特殊的名为血红蛋白的分子带至每个细胞中。在肺中，氧附着于铁，并由血液传送到所有组织。血红蛋白在携带氧时显现为鲜红色，赋予了富氧血液应有的颜色。如果缺少铁质，红细胞就不能携带氧，从而产生喘不过气来的症状。当心脏收缩得更快时，肺会试图弥补氧的缺乏。

菠菜叶提供
重要的铁质

◀铁的来源

铁是所有体细胞所必需的物质。虽然铁发现于多种食物中，但根据食物的不同，身体对它的吸收也会有较大的差异。肉类和鱼类中的铁质比水果、豆类、谷物和深绿色蔬菜（如菠菜）中的铁质更易吸收。对这些食物中的铁的吸收能够因与维生素 C 的结合而增多。

健康所需的矿物质

自古以来，人们就已经在富含矿物质的水中或天然温泉中养生。这种沐浴形式可追溯到 5000 年前，最早被称为 SPA（意指用水来达到健康），出现于意大利的梅拉诺。在其鼎盛的 18 世纪，SPA 沐浴成为一种上流阶层的社会现象。尽管如此，有一些证据表明 SPA 沐浴对于像肝硬化、铅引发的痛风、风湿性关节炎和高血压等疾病，具有真正的疗效。在富含矿物的水中沐浴也对皮肤有好处，可以非常放松。如今，饮用矿泉水的销量已达到历史新高。

矿物质补充物▶

长时间缺铁能够导致缺铁性贫血，使人看起来疲劳且脸色苍白。大多数拥有均衡饮食（包括如牛肉类的红肉）的人，将不会受这种疾病的困扰。但是，素食主义者更处于危险中，人们经常食用含有铁质的胶囊来改善铁缺乏，但大多数医生还是相信，食用正确的食物会更好。

野外地质学

地质学家直接从地表收集矿物标本，然后用科学试验来对其进行鉴定和分析。地质学家和其他地球科学家不仅在实验室中或使用数学计算来检验他们的理论，而且还在真实世界（面对山顶上猛烈的风或勇敢地接近正在喷发的火山）中收集资料并且获得标本。当然也可用“野外工作”一词来形容亲身实践的户外作业。对于地质学家来说，野外包括从北极的冰川到水下深处的海沟，事实上意味着地球上的任何地方。

▲卫星测量

经过了数百万年，构造板块可以出现很大的位移。而这种运动在一个生命周期中，就显得很微小。直到最近，地质学家才能测量到这种微小的移动。但自从发明了使用卫星的激光测量系统以后，地质学家就可以探测到大洋的扩展，就连几毫米变化都能探测出来。现在，地质学家利用全球定位系统（GPS），能够测量到大陆在很短的时间内所移动的距离。GPS测量值表明，位于美国加利福尼亚的这一地点（上图所示）曾在1994年北岭地震中向上抬升了38厘米，并向东北方向移动21厘米。

◀辐射数据

图中所示的，是一位地质学家使用盖格计数器（或称为辐射计）来测量岩层所产生的放射能的量。自然（背景）水平的辐射是铀元素衰变的结果，这种现象几乎出现在所有岩石和土壤中。当铀衰变时，会产生放射性的气体氡，从地下源源不断地释放出来。因为每种岩石都具有一个不同的辐射读数，所以盖格计数器的读数可以用来识别特定区域的岩石。

保护不受有毒烟雾侵害的防毒面具

采集岩石标本所用的镐

火山预报▶

一次无法预料的火山爆发能够造成破坏性的后果，所以火山学家一直在试图判别可预知火山爆发时间的地质迹象。图中所示的是科学家们正在墨西哥的科利马火山顶端采集气体样本的情景。他们正在寻找增加的二氧化碳气体的水平，它是火山爆发迫近的一种标志性证据。其他标志包括地层温度的升高、重力的变化以及电场或磁场的变化。尽管如此，火山学家仍然无法准确预报火山爆发。

◀水下地质学

地质学家有时会冒险去危险或艰苦的地方，包括大洋底部。在加勒比海，图中的这位地质学家正在观察未被采掘的叠层石。看起来像巨大石蘑菇的叠层石是生活在浅层热带水域石灰岩上的古老的细菌群落。每一个群落中包含有很多的细菌，它们在岩石表面构筑了厚的有机物罩面。变成化石的叠层石发现于澳大利亚西部，其形成时间可追溯到35亿年前，它为地球上的生命提供了最早的证据。

◀了解地球的磁场

岩石样品常常被带回实验室检测。这块玄武岩样品被送入一台低温磁力计中测量其磁场的强度和排列。玄武岩含有细粒氧化铁，它们指示了在熔岩凝固时地球的磁极方向。地质学家利用这些数据了解数百万年以来地球磁场的变化。

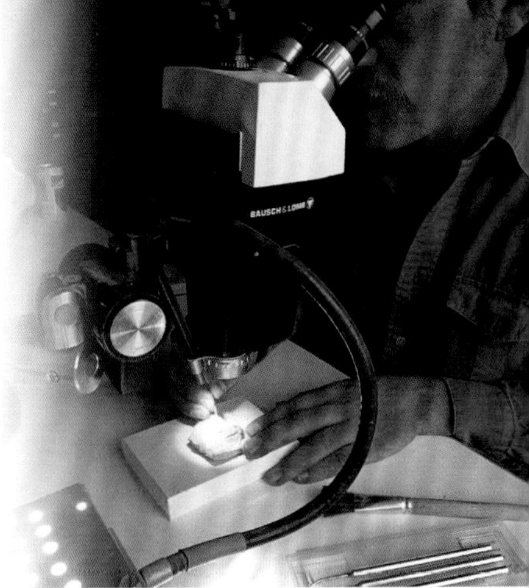

样品鉴定▶

高倍显微镜可显示出样品的晶体结构，从而有助于鉴定矿物。地质学家习惯于为更深入的研究而准备矿物和化石（图中所示）样品。在显微镜下不能鉴定的矿物，有时可以用X射线结晶学来鉴别，其中包括通过样品的X射线。每个晶体都具有其自身独特的化学结构，这些不同的结构可以使光衍射出不同的光线。

基本野外工具▶

当你沿海滨漫步或在乡间散步时，可以收集自己的岩石和矿物样品。为了能够最有效地利用岩石搜寻的探险，携带一些基本工具是很有帮助的。你将会需要一个锤子和凿子来采掘岩石样品，并且需要护目镜和手套来保护你的眼睛和手。为了防止碎裂和划伤，标本（特别是精致的水晶标本）将会包裹于报纸或其他保护物质中，并装入一个安全的容器内。

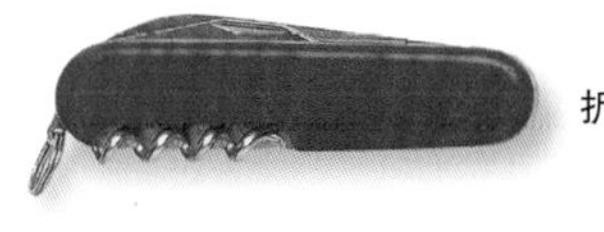
折叠刀

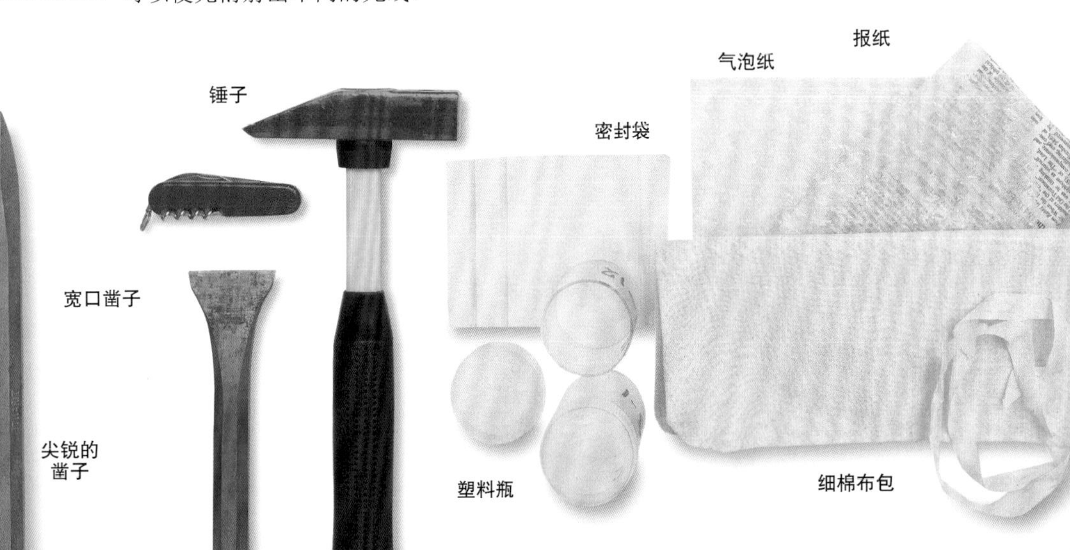

岩石和矿物的分类及其性质

岩石和矿物可以根据各种不同的性质进行分类和鉴定。这里列出的是一系列常见岩石和矿物的一些最重要性质。在这里，岩石根据其来源（形成的地点）进行分类，矿物则根据其化学成分进行分类。有时单一的一种性质就可以鉴定一个标本，但大多数情况下，需要将几种性质结合在一起来进行判断。例如，玄武岩被归为基性喷出火山岩，并依据其深色和细粒的特征来进行鉴定。

岩石

名称	来源	颗粒大小	分类	形成位置	颜色
火成岩					
花岗岩	侵入	粗粒	酸性岩	深成岩体	浅色，中等
闪长岩	侵入	粗粒	中性岩	深成岩体，岩墙	中等，深色
正长岩	侵入	粗粒	中性岩	深成岩体，岩墙	浅色，深色
辉长岩	侵入	粗粒	基性岩	深成岩体	中等
辉绿岩	侵入	中粒	基性岩	岩墙，岩床	深色
流纹岩	喷出	细粒	酸性岩	火山	浅色
黑曜岩	喷出	极细粒	酸性岩	火山	深色
橄榄岩	侵入	粗粒	超基性岩	深成岩体，岩墙，岩床	深色
安山岩	喷出	细粒	中性岩	火山	中等
玄武岩	喷出	细粒	基性岩	火山	深色
凝灰岩	火山碎屑	细粒	酸性岩～基性岩	火山	中等
浮岩	喷出	细粒	酸性岩～基性岩	火山	中等

名称	来源	颗粒大小	分类	压力	温度	结构
变质岩						
板岩	山脉	细粒	区域变质岩	低	低	层状
片岩	山脉	中粒	区域变质岩	中等	低～中等	层状
片麻岩	山脉	粗粒	区域变质岩	高	高	层状，晶体状
角闪岩	山脉	粗粒	区域变质岩	高	高	层状，晶体状
大理岩	接触变质带	细粒，粗粒	接触变质岩	低	高	晶体状
角岩	接触变质带	细粒	接触变质岩	低～高	高	晶体状
变质石英岩	接触变质带	中粒	接触变质岩	低	高	晶体状

名称	来源	颗粒大小	分类	化石	颗粒形状
沉积岩					
砾岩	海水，淡水	极粗粒	碎屑岩	很稀少	圆形
砂岩	海水，淡水，大陆	中粒	碎屑岩	无脊椎动物，脊椎动物，植物	角砾形，圆形
页岩	海水，淡水	细粒	碎屑岩	无脊椎动物，脊椎动物，植物	角砾形
泥岩	海水，淡水	细粒	碎屑岩	无脊椎动物，植物	角砾形
黏土	海水，淡水，大陆	细粒	碎屑岩	无脊椎动物，脊椎动物，植物	角砾形
石灰岩	海水	中粒，粗粒	化学岩	无脊椎动物	圆形
白垩	海水	细粒	有机岩	无脊椎动物，脊椎动物	圆形，角砾形
白云岩	海水	中粒，细粒	化学岩	无脊椎动物	结晶形
石灰华	大陆	结晶质	化学岩	稀少	结晶形
无烟煤	大陆	中粒，细粒	有机岩	植物	无定形

矿物

名称	化学式	硬度	比重	解理	断口
自然元素					
自然金	Au	$2_{1/2}$ - 3	19.3	无	锯齿状
自然银	Ag	$2_{1/2}$ - 3	10.5	无	锯齿状
自然铜	Cu	$2_{1/2}$ - 3	8.9	无	锯齿状
自然硫	S	$1_{1/2}$ - $2_{1/2}$	2.0 - 2.1	不完全解理	参差状～贝壳状
金刚石	C	10	3.52	八面体完全解理	贝壳状
石墨	C	1 - 2	2.1 - 2.3	极完全解理	参差状
硫化物类					
方铅矿	PbS	$2_{1/2}$	7.58	立方完全解理	亚贝壳状
黄铁矿	FeS_2	6 - $6_{1/2}$	5.0	极不完全解理	贝壳状～参差状
硫酸盐类					
石膏	$CaSO_4 \cdot 2H_2O$	2	2.32	完全解理	裂片状
重晶石	$BaSO_4$	3 - $3_{1/2}$	4.5	完全解理	参差状
黑钨矿	$(Fe,Mn)WO_4$	4 - $4_{1/2}$	7.1 - 7.5	完全解理	参差状
卤化物类					
石盐	NaCl	2	2.1 - 2.2	立方完全解理	参差状～贝壳状
萤石	CaF_2	4	3.18	八面体完全解理	贝壳状
氧化物类					
尖晶石	$MgAl_2O_4$	8	3.5 - 4.1	无	贝壳状～参差状
赤铁矿	Fe_2O_3	5 - 6	5.26	无	参差状～亚贝壳状
刚玉	Al_2O_3	9	4.0 - 4.1	无	贝壳状～参差状
钙钛矿	$CaTiO_3$	$5_{1/2}$	4.01	不完全解理	亚贝壳状～参差状
碳酸盐类，硝酸盐类，硼酸盐类					
方解石	$CaCO_3$	3	2.71	完全解理	亚贝壳状
孔雀石	$Cu_2CO_3(OH)_2$	$3_{1/2}$ - 4	4.0	完全解理	亚贝壳状～参差状
钠硝石	$NaNO_3$	$1_{1/2}$ - 2	2.27	菱形完全解理	贝壳状
钠硼解石	$NaCaB_5O_6(OH)_6 \cdot 5H_2O$	$2_{1/2}$	1.96	完全解理	参差状
磷酸盐类					
绿松石	$CuAl_6(PO_4)_4(OH)_8 \cdot 4H_2O$	5 - 6	2.6 - 2.8	中等解理	贝壳状
磷灰石	$Ca_5(PO_4)_3(F,Cl,OH)$	5	3.1 - 3.2	不完全解理	贝壳状～参差状
硅酸盐类					
石英	SiO_2	7	2.65	无	贝壳状～参差状
欧泊	$SiO_2 \cdot nH_2O$	$5_{1/2}$ - $6_{1/2}$	1.9 - 2.3	无	贝壳状
橄榄石	Fe_2SiO_4-Mg_2SiO_4	$6_{1/2}$ - 7	3.27 - 4.32	不完全解理	贝壳状
石榴石	$Mg_3Al_2(SiO_4)_3$	$6_{1/2}$ - $7_{1/2}$	3.4 - 4.3	无	参差状～贝壳状
绿柱石	$Be_3Al_2Si_6O_{18}$	7 - 8	2.6 - 2.9	极不完全解理	参差状～贝壳状
角闪石	$Ca_2(Mg,Fe)_4Al(Si_7Al)O_{22}(OH,F)_2$	5 - 6	3 - 3.41	完全解理	参差状
透辉石	$CaMgSi_2O_6$	$5_{1/2}$ - $6_{1/2}$	3.22 - 3.38	中等解理	参差状
白云母	$KAl_2(Si_3Al)O_{10}(OH,F)_2$	$2_{1/2}$ - 3	2.77 - 2.88	极完全解理	参差状
高岭石	$Al_2Si_2O_5(OH)_4$	2 - $2_{1/2}$	2.6 - 2.63	极完全解理	参差状
正长石	$KAlSi_3O_8$	6 - $6_{1/2}$	2.55 - 2.63	完全解理	参差状～贝壳状
有机矿物					
琥珀	有机的植物树脂的混合物	$2_{1/2}$	1.08	无	贝壳状

词汇表

搬运

由河流、风、潮汐和冰川对松散沉积物的搬运。

板块边界

地壳中构造板块的交汇处。有三种类型的板块边界：汇聚边界（板块碰撞处），分离边界（板块被推开的位置）和转换边界（板块相对滑动处）。

半透明的

一种物质可以让光透过，但是会使其分散，以至于你透过它不能看到清晰的影像。

包体

一种嵌于另一矿物之中的微小的晶体或矿物碎片。

宝石

通常是一种因其颜色、光泽、稀有性和硬度而具有价值的结晶质矿物，如钻石或红宝石。

比重

矿物的重量与其等体积水的重量的比值。

变质岩

由其他岩石在温度和压力的作用下转变而成的岩石。

玢岩

与基质相混合的，含有大的晶形完好的晶体的火成岩。

冰川

由山脉或极地的冰雪压实而形成的缓慢移动的大块的冰。

冰期

地球历史上非常冷的时期，巨大的冰川覆盖了全球大部分的地区。最近的冰期始于10万年前，结束于1.2万年前，影响了北美大部和欧洲北部地区。

不透明

用以形容不能使光线通过的物质。

不整合

在连续沉积岩层中的一个显著的间断，它归因于沉积物的一种沉降中断。

层理面

位于在沉积岩岩层之间的形成于不同时期的分界线。

沉淀作用

一种物质以固态形式从溶液中析出的化学过程。

沉积物

由风、水和冰所携带的岩石、矿物或有机物的微粒。

沉积岩

由被埋藏并被其上部的压力压实成固体的沉积物所形成的岩石。

超基性的

用来形容含二氧化硅量低于45%的火成岩。

超镁铁的

用来形容一种不含石英且含极少或不含长石的火成岩，该类岩石的组成矿物包括橄榄石，辉石等。

沉积作用

当水、风、冰川减速且能量耗尽时，它们所携带的松散沉积物的沉降。

成岩作用

经过数百万年的岁月，经压实并胶结后将松散的沉积物转变为岩石的过程。

磁圈

地球内部及其周围的磁力区域，由地核内的铁离子移动而产生。它保护地球免受来自太阳的带电粒子流的影响。

大陆漂移

大陆在地球表层的缓慢移动。

大气圈

环绕地球或其他星球的气体层。

地核

地球内部灼热、致密、富含铁的中心；其外部为液态而中部为固态。

地壳

地球坚硬的最外层。它被分为较厚较老的陆壳（以花岗岩为主）和较薄较新的洋壳（以玄武岩为主）。

地幔

地球的中间层，位于地核与地壳之间。地质学家认为，它是由灼热致密的岩石所构成，如橄榄岩。

叠层石

由多种类的古细菌群形成的沉积物的分层堆状物。

洞穴堆积物

一种由来源于水中的矿物质析出而形成于洞穴中的结构，如钟乳石和石笋。

对称

当两个形状相对于一条虚构的划分线互为镜像时，被称为对称。

断口

某一矿物特定的破裂方式。

断裂

随着大量岩石的移动而形成的一种岩石内的大范围破裂。

鲕粒

组成一些沉积岩的小圆粒。

风化

岩石因长期暴露于外界环境中而发生的缓慢分解。包括潮湿、霜冻和酸雨。

辐射现象

由某种元素（如金属铀）不稳定原子的衰变所引起的辐射（α 射线，β 射线和 γ 射线）爆发出的自发发射。一些射线对人体有害。

构造板块

一种大约数量为 20 个的巨大的漂浮岩石板层，它们组成了地球的岩石圈。

光泽

矿物表面对光的反射能力。

海底扩张

随着新的洋壳沿洋中脊形成时，海洋逐渐扩大。

海沟

海底的深槽。

合金

两种或两种以上金属的化合物。常用的合金包括青铜（铜和锡）和不锈钢（铁和铬）。

河漫滩

当河流泛滥时会被水淹没的河流两侧的平坦区域。

化石

矿化的古老动植物的遗体或遗迹。

化石燃料

一种由埋于地下深层的已分解的植物形成的燃料，如煤、石油和天然气。

黄土

巨大的未胶结的堆积物，一种细粒的风积物。

火成碎屑物

由爆炸式的火山喷发掷出的物质，如岩石和灰烬。

火成岩

地壳中的岩浆冷却固结所形成的岩石。

火山

从地球内部喷发出熔岩和灼热气体的位置。岩浆沿中心通道上涌，并喷发出熔岩。

基性

用来形容二氧化硅含量低的岩石。

基质

一种嵌有更大粒度晶体的紧密细粒的矿物质。

胶结作用

在水泥将沉积颗粒黏结到一起时的一种岩化的进程。

接触变质带

在大型火成岩侵入体周围，因岩浆热度而改变性质的岩石所在的区域。

节理

一种由挤压和扩张引发的微小移动而在岩石中产生的裂缝，通常为垂直方向。

结核

一种发现于沉积岩中的坚硬的圆形石质块体，其典型组成矿物为方解石、硅石、黄铁矿或石膏。

解理

矿物或岩石沿某一特定方向裂开的性质。

晶洞

一种排列有晶体或其他矿物的小型岩石洞穴。

晶石

一种易解理的结晶质半透明或透明矿物。

晶体

一种具有规则形状及对称面的固态物质。晶体以多种方式生长，如熔融物质冷却或含有溶解矿物质的溶液蒸发。大的晶体生长十分缓慢。

晶形

某种矿物的常规形状。

喀斯特地貌

一种布满显著的侵蚀绝壁、峡谷和洞穴的石灰岩地貌。

块状结构

没有一定形态和晶面的矿物晶形。

矿石

可以提炼出有用金属的岩石或矿物。

矿物

一种天然的按某种规律性特征（如化学组成和晶体形态）生成的固体。地球上的岩石由矿物构成。

棱柱

一种具有一组轴对称平行面的固态几何形体。对称轴就是一根将某个东西分为两半的假想的直线。

镁铁质

是一种富含锰和铁的硅酸盐矿物，典型地形成于玄武岩和其他基性或超基性岩中。

磨蚀

摩擦或轻蹭表面的过程。

逆冲断层

一种由一块岩石强加于另一块上面所形成的断层。如果倾角大于 45°，则为逆断层。

喷出岩

由火山喷出的熔岩冷凝而形成的岩石。

平移断层

一种岩石块向侧面滑动的断层。产生在两个构造板块分界处的巨大的平移断层，就是我们所熟知的转换断层。

侵入岩

形成于地表以下的火成岩。

侵蚀作用

由流水、冰川和风所造成的缓慢的岩石磨损。

球粒陨石

一种含有微小辉石和橄榄石颗粒的石质陨石，这些岩石是迄今为止发现的最古老的物体之一。

区域变质作用

在一个比较广泛的区域内，在高温和压力的作用下（典型的如造山运动）新变质岩的生成。

热点

远离板块边缘的地壳中火山活动的位置，由从上地幔上升的岩浆所产生。

热液脉

一种岩石中的裂缝，其间循环有由于火山活动而产生的热的矿泉水。当水冷却后，矿物开始结晶，形成了一些地球上最珍贵的宝石和矿物。

熔岩

因火山喷发流到地表的岩浆。

软流圈

在地球地幔中灼热的部分熔融的岩石层，刚好位于地壳以下。

三角洲

一个由沉积物形成的扇形区域。这里使河流速度减慢，并在进入湖泊或海洋前将其分成许多水道。

沙矿

位于河床或湖底，包含有价值的矿物颗粒（如金或金刚石）的沙或沙砾的堆积物。

深成岩体

任何火成岩侵入体。

双晶

两个或更多的同种晶体连生在一起。

水泥

一种风干后由于微粒凝结成沉积岩而变硬的物质。水泥也是一种用于建筑的原料，由碾碎的石灰石和黏土组成。

酸性

用来形容二氧化硅含量高的岩石。

碎屑沉积物

由破碎岩石的磨蚀碎片所形成的岩石和矿物颗粒。

燧石

一种形成于石灰岩中的硬的结核状硅石（一种细粒石英沉积岩）。它易于破碎，被石器时代的人们用以制成刀和箭。

抬升

由于板块的移动使岩石构造向上升高。形成于海底的沉积物可能抬升而形成山脉或平原。

围岩

围绕矿物堆积物或火成岩侵入体出现的岩石。

峡谷

一种典型的由河流切割而成的两边为峭壁的深谷。

小行星

一种沿轨道绕太阳运行的比行星体积小的块状岩石。

杏仁孔

在熔岩或火成碎屑岩中的一种含有矿物（如方解石或石英）的孔洞。

压实作用

由覆盖于埋藏的沉积物之上的堆积物的重量，将水和空气挤压出来的过程。

岩层

一种沉积岩薄层。

岩床

一种插在岩层之间的薄片状的水平火成岩侵入体。

岩基

一种巨大的火成岩侵入体，在地壳中超过 100 平方千米。

岩浆

位于由部分地幔熔融物所形成的地壳以下的熔融态岩石。

岩浆库

岩浆的地下储藏库。它能以火山熔岩的形式喷发到地表，也可以逐渐固结成深成岩体。

岩墙

一种将较早的岩石构造截断的薄片状火成岩侵入体。

岩石

固态矿物集合体。有三种类型：火成岩、变质岩和沉积岩。

岩石圈

地球坚硬的最外层。由地壳和上地幔构成。

洋中脊

在构造板块分离处的一长串沿洋底形成的海底山脉。

叶理

由变质岩内部晶体排列所造成的条带状纹理。

有机的

与生命物质相关联的。

元素

一种不能被分解成更简单物质的物质，如金。

陨石

一种坠落于地球表面的陨星。

陨星

一旦流星体（宇宙空间中的岩石和尘埃碎片）进入地球的大气层就形成了陨星或流星。

长英矿物

与火成岩相关的一种富含长石和石英的矿物。

折射

当光线穿过一个透明物质时所发生的偏折。

褶皱

由于构造板块运动而产生的岩层弯曲。

蒸发岩

一种在将溶解的水分蒸发后留下的天然石盐或矿物。

正断层

两块岩石被拉开，其中一块滑落而形成两块岩石上的断层。

自然元素

一种以单质矿物形式存在的元素，不属于化合物。

自色

一种矿物因其主要化学成分而总是呈现的同一种颜色。一种矿物（如石英）因含有其他元素而具有的颜色则被称为他色。

致谢

Dorling Kindersley would like to thank Marion Dent for proof-reading; Michael Dent for the index; Margaret Parrish for Americanization; Judith Samuelson and Andrew Kerr-Jarrett for editorial support; and Leah Germann for design support.

Picture Credits

The publisher would like to thank the following for their kind permission to reproduce their photographs:

Abbreviations key:
t-top, b-bottom, r-right, l-left, c-centre, a-above, f-far

6: Corbis/R.L.Christiansen (l), Reuters/Will Burgess (br); 6–7: Corbis/Liz Hymans (t); 7: Corbis (r), Georgina Bowater (cl), Peter Guttman (detail, c), Sally A.Morgan/Ecoscene (b); 8: Corbis/Layne Kennedy (l);
9: GeoScience Features Picture Library (tc), FLPA/Minden Pictures (r); 10: Lonely Planet Images/Andrew MacColl (bc), British Geological Survey (br); 11: www.bridgeman.co.uk/Chartres Cathedral, France (bc); Corbis/Jonathan Blair (tl), Sandro Vannini (br), Werner Forman Archive/University of Philadelphia Museum (bcl); 12: Corbis/Raymond Gehman (acr), Science Photo Library/Alfred Pasieka (fbcl), Dirk Wiersma (acl, bcl), Stephen & Donna O'Meara (bl); 13: Corbis/Bjorn Backe/Papilio (t);
14: Science Photo Library/Bernhard Edmaier (br), Tom Van Sant/Planetary Visions/Geosphere Project (tr); 15: Ardea.com/Francois Gohier (bl), Corbis (tr), GeoScience Features Picture Library (crb, bcr), Marli Miller/Department of Geological Sciences, University of Oregon (fbcr), Science Photo Library/Geospace (tl); 16: Corbis/O. Alamany & E.Vicens (bcl), Roger Antrobus (bl); 16–17: Impact Photos/Pamla Toler (t), Corbis/Jonathan Blair (c), W. Wayne Lockwood, M.D. (b); 17: Ardea/Alan Weaving (tr), Corbis (bcr), Phil Schermeister (br), Yann Arthus-Bertrand (acr); 18: Corbis/Homer Sykes (tr), Science Photo Library/2002 Orbital Imaging Corporation (acl); 19: Ardea/Jean-Paul Ferrero (tl), Bryan Sage (tc), Corbis/David Muench (c), Corbis/Digital image © 1996, courtesy of NASA (tcl), Gary Braasch (tcr), GeoScience Features Picture Library (tr), Science Photo Library/ B.Murton, Southampton Oceanography Centre (bcr); 20: Corbis/Reuters (l); 21: Natural Visions/Soames Summerhays (acr), Corbis/Alberto Garcia (bl), Corbis/Digital image © 1996, courtesy of NASA (cr), Roger Ressmeyer (tl, tr), FLPA/USDA (cl);
22: Corbis/Roger Ressmeyer (r); 23: Corbis/Ric Ergenbright (t), Galen Rowell (cl); Geoscience Features Picture Library/RIDA (bcl), Marli Miller/Dept of Geological Sciences, University of Oregon (fbcl); 24: The Art Archive/Staatliche Sammlung Ägyptischer Kunst Munich/Dagli Orti (c); 24-25: Corbis/Joseph Sohm/Visions of America (b), 25: Corbis/David Muench (tr);
26: Corbis: Galen Rowell (r), GeoScience Features Picture Library (acl); 27: Corbis/Detail of David by Michelangelo/Arte & Immagini srl (br), Wild Country (bl); 28: Corbis/Hubert Stadler (b); 29: Corbis/Steve Austin/Papilio (tr), Richard Klune (cl), Sean Sexton Collection (cr), FLPA/Ken Day (br); 30: FLPA/Christiana Carvalho (l); 31: Science Photo Library/Martin Bond (tl), Ardea.com/Francois Gohier (tr); 32: Corbis/ Digital image © 1996, courtesy of NASA (tr), M. L. Sinibaldi (br), GeoScience Features Picture Library (c); 33: FLPA/Mark Newman (t), Natural Visions (cr, br); 34: Corbis/Gianni Dagli Orti (br); 34–35: Getty Images/The Image Bank (t);
35 Ardea.com/Jean-Paul Ferrero (br). Ian Beames (bcr), Bruce Coleman Ltd/Jules Cowan (tr, acr), Corbis/Sharna Balfour/Gallo Images (bl); 36: Ardea.com/Francois Gohier (acr), Corbis/Jonathan Blair (b); 37: Natural Visions (tl), Ardea.com/Francois Gohier (bcl, bcr), John Cancalosi (tc); 38: Natural Visions/Heather Angel (acr), Ardea.com/Kurt Amsler (br), Corbis/ Bob Krist (tl), Science Photo Library/Andrew Syred (bl); 39: Corbis/Michael St. Maur Sheil (br), Roger Ressmeyer (acr); 40: Robert Visser (acr); GeoScience Features Picture Library (cl, c);
40–41: Science Photo Library/Jerry Lodriguss (t), Corbis/Charles & Josette Lenars (b);
41: Corbis/NASA/JPL/Cornell/Zuma (bcr), Science Photo Library/David Parker (tl), Nasa/US Geological Survey (tr); 42–43: Corbis/Christine Osborne (t); 45: Science Photo Library/Manfred Kage (br); 48: Corbis/Ludovic Maisant (c), Science Photo Library/Simon Fraser (b);
49: Corbis/Michael Prince (tl), Tom Stewart (tr), Science Photo Library/Charles D. Winters (c), Chemical Design (cl); 50: Natural Visions/Heather Angel (cr), Ardea.com/E. Mickleburgh (bl), Royalty-Free/Corbis (bcl); 51: Corbis/Douglas Whyte (tc), Gleb Garanich (cl), Nik Wheeler (bcr), Science Photo Library/Charles D. Winters (br), Scott Camazine (tr); 52: Corbis/ Mike Simons (bc), Sandro Vannini (l), Science Photo Library/Andrew Syred (br), Rosenfeld Images Ltd (bcl); 53: Corbis/Bettmann (tr), Paul A. Souders (br), Wayne Lawler/Ecoscene (cr);
54: Corbis/Jeff Vanuga (t), Royal Ontario Museum (bcr), Science Photo Library/Roberto de Gugliemo (bcl); 55: Corbis/Lowell Georgia (tl), Reuters (br); 56: Corbis/James L. Amos (bl), Neil Rabinowitz (cl), NASA (br), 58: Corbis/ Sergio Pitamitz (b); 59: Corbis/Dave G. Houser (br); 60: Corbis/Tim Graham (tl); 61: Corbis/ Koopman (cl), Ron Watts (cr), Roger Ressmeyer (bl); 62: Corbis/Sandro Vannini (l); 62–63 Geophotos/Tony Waltham (b); 64: British Museum/Dorling Kindersley (tl), Corbis/Angelo Hornak (b), Maurice Nimmo/Frank Lane Picture Agency (cr), GeoScience Features Picture Library (acl); 65: Corbis/Owen Franken (acr); 66: Corbis/Kevin Shafer (t), Impact Photos/Alain Evrard (cr), Science Photo Library/David Nunuk (bc);
67: © Christie's Images Ltd (tc), Corbis/Richard Hamilton Smith (br), William Taufic (cl); 68: Science Photo Library/Arnold Fisher (cl), Keith Kent (acr); 69: INAH/Dorling Kindersley (c), Science Photo Library/Biophoto Associates (cl), Lawrence Lawry (br), Sidney Moulds (bl); 70: Alamy Images/Keren Su/China Span (bl), Corbis/Francis G. Mayer (cr), Jose Manuel Sanchis Calvete (cl), Maurice Nimmo/Frank Lane Picture Agency (t); 71: www.bridgeman.co.uk/ Osterreichische Nationalbibliothek, Vienna, Austria (br), Leeds Museums and Art Galleries (Temple Newsam House), UK (tr), Corbis/Archivo Iconografico, S.A (tl), Richard T. Nowitz (bl);
72: © Christie's Images Ltd (tr), Corbis/Jack Fields (br), Reuters (bcl), Roger Garwood & Trish Ainslie (fcl); 73: The Art Archive/Central Bank Teheran/Dagli Orti (tl), Judith Miller/Dorling Kindersley/Fellow & Sons (acl), V & A Images/Victoria and Albert Museum (bcl);
74: www.bridgeman.co.uk/Hermitage, St Petersburg, Russia (tr, fcr), Oriental Museum, Durham University, UK (cl); 74–75: Corbis/Asian Art & Archaeology, Inc (b); 75: Construction Photography.com/Adrian Sherratt (bcl), Corbis/Hans Georg Roth (ac), The Art Archive/Acropolis Museum Athens/Dagli Orti (r), Impact Photos/Alan Keohane (tl); 76: Werner Forman Archive/British Museum (t),
Akg-images/Erich Lessing (cr), Corbis/Bettmann (bl), Werner Forman (cl); 77: Akg-images/British Library (tr), Corbis/David Cumming/Eye Ubiquitous (tc), Hulton-Deutsch Collection (tl), Robert Estall (bl), Stapleton Collection (cr);
78: Corbis/Alex Steedman (l), Paul A. Souders (r); 79: Action Plus/Glyn Kirk (tr), Corbis (bcr), Charles E. Rotkin (bl), Guy Motil (tc), James L. Amos (cl), Photomorgana (tl); 80: Corbis/Bill Ross (l), Macduff Everton (tr), Ted Spiegel (br), ImageState/Pictor/StockImage (bl); 81: Judith Miller/Dorling Kindersley/Sloans & Kenyon (tc), Corbis/Charles E. Rotkin (cl), Christina Louiso (bcl), Jan Butchofsky-Houser (bc), Morton Beebe (r), Michael and Patricia Fogden (tl);
82: Construction Photography.com/Chris Henderson (br), Royalty-Free/Imagestate (bc), Royalty-Free/Getty Images/Photodisc Blue (bl); 83: Corbis/Brownie Harris (br), Edifice (tr), Royalty-Free/Corbis (cr, bl, bc); 84: Corbis/Peter Johnson (cr), OSF/photolibrary.com (cl), Science Photo Library/Microfield Scientific Ltd (tr);
85: Corbis/Layne Kennedy (bl), Royalty-Free/Corbis (br), Science Photo Library/Innerspace Imaging (tl), Insolite Realite (cl); 86: Corbis/Roger Ressmeyer (tr, br), Science Photo Library/Paolo Koch (cl), 87: Corbis/ Jonathan Blair (tl), Layne Kennedy (cr), Science Photo Library/Geoff Lane/CSIRO (cl).

Jacket images

Dorling Kindersley: Gary Ombler. Oxford University Museum of Natural History